DIE BESTEN BAUERNREGELN

Traditionelle Weisheiten für den Alltag

compact via

compact via ist ein Imprint der Compact Verlag GmbH

Baierbrunner Straße 27, 81379 München
Ausgabe 2013

Text: Birgit Kuhn
Chefredaktion: Dr. Matthias Feldbaum
Redaktion: Anja Fislage
Produktion: Frank Speicher
Abbildungen: siehe Bildnachweis S. 208
Titelabbildungen: fotolia.com/talsen (Schweine),
fotolia.com/Florian Hochstadt (Schild)
Gestaltung: h3a GmbH, München
Umschlaggestaltung: h3a GmbH, München

ISBN 978-3-8174-8978-7
381748978/1

www.compactverlag.de

Inhalt

Vorwort

Wie wird das Wetter? Was ist wann zu tun, damit die Ernte gut ausfällt? Soll ich bereits jetzt die Saat ausbringen oder damit noch warten? Jahrtausende lang, bis weit in die Neuzeit, als Messinstrumente wie Thermometer und Barometer noch nicht erfunden oder allgemein verbreitet waren, waren die Bauern auf ihre eigenen Naturbeobachtungen angewiesen. Aus dem Verhalten der Tiere und Pflanzen sowie zum selben Zeitpunkt gehäuft wiederkehrenden Wetterereignissen versuchten sie, Regelmäßigkeiten zu erkennen. Diese Beobachtungen bildeten die Grundlage für die sogenannten Bauern- bzw. Wetterregeln.

Zu den Bauernregeln gehören nicht nur Empfehlungen, die oft mit einem festen Datum, auch Lostag genannt, verbunden sind. Dazu gehören Regeln wie z. B. „Wer Weizen sät am Simonstage, dem trägt goldene Ähren er, ohne Frage." (Simon von Zelotes: 28. Oktober). Oder: „Erbsen säe Amrosius, so tragen sie reich und geben Mus." (Ambrosius von Mailand: 4. April).

Sehr häufig sind es Regeln im Sinn von Prognosen, wie etwa diese: „Betört der Linde Blütenduft, liegt Regenwetter in der Luft." Oder: „Kalter Valentin, früher Lenzbeginn" (Valentinstag: 14. Februar).

Der Rhythmus von Aussaat, Pflege der Saat und Ernte wiederholt sich jedes Jahr. So sammelte man über die Zeit immer mehr Erfahrungen, die von Generation zu Generation weitergegeben wurden. Bauern- und Wetterregeln waren für die Menschen überlebenswichtig. War die Ernte schlecht, so bedeutete das Hunger und Krankheit – Nahrungsmittelimporte im großen Stil, wie wir sie heute kennen, gab es nicht. Deshalb verwundert es auch nicht, dass Bauernregeln seit jeher im ländlichen Kulturraum verbreitet sind. Die ältesten uns bekannten Bauernregeln stammen von den Römern, die sich in vielen Schriften mit der Natur und der Landwirtschaft befassten. Bauernregeln waren ein Leitfaden durch das Jahr, den man sich fest einprägte, damit man sie, wenn ein Lostag bevorstand oder bestimmte Naturerscheinungen eintraten, parat hatte. Kein Wunder also, dass Bauern- und Wetterregeln – wie Merksprüche – meist gereimt sind.

Bauernregeln –
früher und heute

Rund um die Ernte

Bauernregeln stammen aus einer Zeit, als fast jeder Landwirtschaft betrieb und seine Lebensmittel selbst erzeugte. Lebensmittel kaufen – das gab es kaum, nicht einmal in der Stadt. Deshalb zieht sich bei den Bauernregeln ein Thema wie ein roter Faden durch alle Jahreszeiten: die Ernte. Wie wirkt sich das Wetter auf die Ernte aus? Wie kann man bereits zu einem früheren Zeitpunkt vorhersehen, wie die Ernte ausfallen wird – und, wenn irgend möglich, frühzeitig vorsorgen? Das ist auch der Grund, warum Bauernregeln – neben kurzfristigen Wettervorhersagen – auch langfristige Prognosen geben. Wissenschaftliche Untersuchungen aus den letzten Jahren haben ergeben, dass viele dieser Bauernregeln eine hohe Trefferquote haben. Damit haben die Bauernregeln sogar der modernen Wettervorhersage etwas voraus. Hier beschränken sich die Vorhersagen auf einen Zeitraum von drei Tagen – Langfristprognosen sind noch sehr unsicher und werden im Allgemeinen nicht erstellt.

Wie wichtig das Wetter für die Landwirtschaft auch heute noch ist, zeigt das Leistungsspektrum des Deutschen Wetterdienstes. Er bietet Landwirten, je nach Jahreszeit, Informationen zu folgenden Themen an:

- optimaler Aussaattermin
- Grünlandschnitt
- Getreideernte
- Maisernte

Auch wenn es im Winter und im Frühling noch lange bis zur Ernte dauert – die Frage „Wie wird die Ernte?“ beschäftigt die Bauern das ganze Jahr hindurch. Entsprechend gibt es in jeder Jahreszeit Bauernregeln zum Thema Ernte; sie sind in diesem Buch jeweils mit einem eigenen Kapitel zu jeder Jahreszeit aufgeführt und erläutert.

Missernten – Armut, Krankheit und Tod drohten jedes Jahr

✦ Heute, in Zeiten einer ausgeklügelten, hoch technisierten Landwirtschaft, die sehr flexibel auf Schädlingsbefall reagieren kann, sind Missernten selten. Jedenfalls in Mitteleuropa. Das war früher anders. Wenn die Witterung immer wieder einen ungünstigen Verlauf nahm, kam es früher zu Ernteausfällen. Das war v. a. der Fall, wenn es zur falschen Zeit regnete und zu einem ungünstigen Zeitpunkt trocken war. Konkret: Ein trockener Winter ohne eine ausreichende Schneedecke, dazu Regen im zeitigen Frühjahr und im Hochsommer, zur Erntezeit, bedeutete hohe Verluste. Und nicht nur das: Es wurde nicht nur weniger geerntet. Das, was man von den Feldern holte, war oft schlecht geraten: Das Getreide war angeschimmelt, ebenso das Gemüse und die Kartoffeln. Trotzdem mussten Mensch und Tier sich davon ernähren. Einen Ausweg gab es nicht, denn mit der Knappheit der Lebensmittel wurden sie zugleich auch noch teuer!
Die Folge: Beide, Mensch und Tier, litten unter der Fehl- und Mangelernährung und wurden krank. Es grassierten Seuchen wie Typhus oder Ruhr. Ärzte und Medikamente gab es nicht oder sie waren zu teuer.

So kam es, dass innerhalb von nur einer Saison selbst reiche Bauern verarmten. Viele Kleinbauern, denen es in guten Jahren kaum zum Überleben reichte, hungerten erbärmlich – viele von ihnen starben oder rebellierten, plünderten oder wanderten in Scharen aus, um nicht Opfer des Nahrungsmangels zu werden.

Auswanderung im 19. Jahrhundert

Stichwort Auswandern: In Irland gab es in den Jahren 1845 bis 1849 Missernten bei der Kartoffel, einem der wichtigsten Agrarerzeugnisse in dieser Zeit in Irland.

Die Kartoffeln waren von einem Pilz, der Kartoffelfäule, befallen. Er bewirkte, dass die Kartoffeln im Boden verrotteten und damit komplett ungenießbar waren. Diese Missernten führten nicht nur zu einer bis dahin beispiellosen Hungersnot – schätzungsweise eine Million Iren verhungerte. Weitere ein bis zwei Millionen wanderten aus, v. a. nach Kanada, Australien und in die USA. Dadurch ist das Land bis heute nur sehr spärlich besiedelt.

Missernten heute

Auch heute sind erhebliche Ernteausfälle nicht ausgeschlossen. Sie kommen immer wieder in den Entwicklungsländern vor, wo die Landwirtschaft unter Trockenheit, auch infolge des Klimawandels, leidet. Doch auch in der hoch industrialisierten Landwirtschaft unserer modernen Gesellschaft kommen Missernten vor – häufig eine Folge von Monokultur und Misswirtschaft.

Das war auch die Ursache der Missernte von 1930 in den USA, die die Wirtschaftskrise in der Industrie, „Great Depression" genannt, verstärkte. In den USA hatte man in den Great Plains, den Grassteppen in Zentral-Nordamerika, auf großen Flächen Getreide angebaut. Der Weizen, den man jetzt dort kultivierte, wurzelt jedoch nicht tief genug. Die Folge: Stürme bliesen die Erde einfach weg, und die Ernte blieb aus.

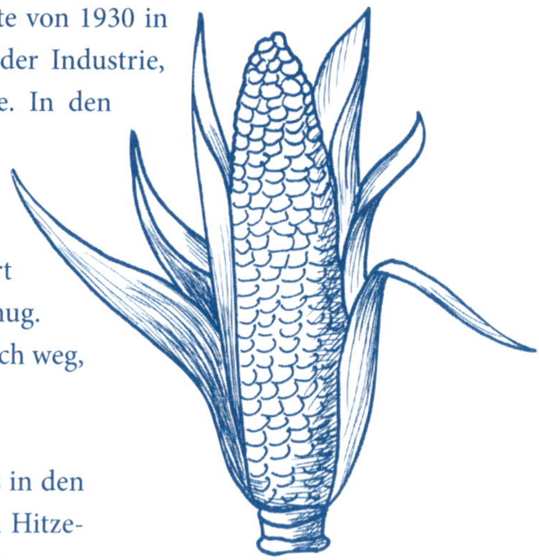

Ähnlich war es zuletzt im Jahr 2012, als in den USA und Russland infolge einer langen Hitzeperiode, während der es nicht regnete, eine große Dürre herrschte. Dadurch kam es zu erheblichen Ernteausfällen und Preissteigerungen bei den Lebensmitteln.

Die ersten Bauernregel-Bücher

Um diesen Wissensschatz festzuhalten und zu verbreiten, veröffentlichte der Nürnberger Astronom und Meteorologe Leonhard Reynmann im Jahr 1505 das erste bekannte Bauernregel-Buch „Wetterbüchlein Von warer erkanntnus des wetters". Das Werk war in seiner Zeit sehr bekannt – es gibt Drucke aus Dortmund, Erfurt, Leipzig, München, Worms und Zwickau.

Sehr viel bekannter als das „Wetterbüchlein" von Leonhard Reynmann ist der sogenannte Hundertjährige Kalender. Er geht zurück auf Aufzeichnungen, die Mauritius Knauer, der Abt des Zisterzienserklosters Langheim im Erzbistum Bamberg, im 17. Jahrhundert verfasste. Mauritius Knauer ging es bei seiner Schrift v. a. darum, die Landwirtschaft, die während des 30-jährigen Krieges schwer gelitten hatte, wieder auf Vordermann zu bringen. Da er ein Anhänger des Ptolemäus und der Lehre vom Jahresregiment der damals bekannten sieben Planeten – Knauer zählte Sonne und Mond dazu – war, glaubte er, dass sich das Wettergeschehen nach sieben Jahren wiederholen würde. Aus diesem Grund schloss er seine Beobachtungen und Aufzeichnungen nach sieben Jahren ab.

Ende des 17. Jahrhunderts gelangten Knauers Aufzeichnungen in die Hände des Erfurter Arztes Christoph von Hellwig, der das Werk unter dem Titel „Vermehrter auff hundert Jahr gestellter curiöser Calender: nemlichen: Von 1701 biß 1801" publizierte. Dabei schlussfolgerte er ganz im Sinn von Mauritius Knauer, dass sich das Wetter alle sieben Jahre wiederholt. Die einzelnen Jahre stehen demnach unter dem Regiment eines Planeten – Saturn, Jupiter, Mars, Sol (Sonne), Venus, Merkur, Luna (Mond). In den Jahren, die sie „regieren", sind die einzelnen Planeten für die Witterung bestimmend. Übersichtliche Tabellen zeigen, welcher Planet in welchem Jahr herrscht.

Bauernregeln heute

Die wissenschaftlichen Grundlagen, auf die sich der Hundertjährige Kalender und seine Wetterbeobachtungen stützen, sind inzwischen längst entkräftet: Nicht die Planeten „beherrschen" das Wetter. Wetter und, langfristig gesehen, das Klima sind von vielen verschiedenen Faktoren beeinflusst.

Obwohl der Hundertjährige Kalender und die Beobachtungen, auf die er verweist, in ihrer Zeit einen großen Fortschritt in der Wissenschaft bedeuteten, ist das Werk in Fachkreisen heute nicht gut angesehen. Dass der Hundertjährige Kalender überhaupt noch in der Diskussion ist, liegt daran, dass bis heute immer wieder Bücher mit dem Titel „Hundertjähriger Kalender" veröffentlicht werden. Doch genau diese Theorie, auf die sich der ursprüngliche „Hundertjährige Kalender" beruft, ist nicht haltbar – als Prognose-Instrument ist der Hundertjährige Kalender nicht geeignet!

Von der Kalenderreform und dem Buchdruck eingeholt

✦ Wie zuverlässig sind die Bauernregeln? Diese Frage stellen sich nicht nur heutige Leser und Wetterbeobachter. Aktuell wurde diese Frage erstmals nach dem Jahr 1582. Um einen Kalenderfehler zu korrigieren, kürzte man das Jahr 1582 im Rahmen der Gregorianischen Kalenderreform um zehn Tage – auf den 4. Oktober folgte der 15. Oktober. Die Folge: Viele Regeln, die sich auf einen Lostag beziehen, sind nicht (mehr) zutreffend.

Doch noch heute kursieren Regeln, die auf Naturbeobachtungen früherer Jahrhunderte zurückgehen, also aus der Zeit vor der Gregorianischen Kalenderreform stammen.

Dazu kommt, dass viele Regeln in einer bestimmten Region entstanden sind und dort, so kann man annehmen, eine gute Trefferquote hatten. Als sie dann aufgezeichnet wurden und in gedruckter Form im ganzen deutschen Sprachraum bekannt wurden, war oft die Enttäuschung groß – die Voraussage traf nicht ein.

Lostage – wie aussagekräftig sind ihre Prognosen?

✦ „Siebenschläfer Regen – sieben Wochen Regen." Viele Bauern- bzw. Wetterregeln beziehen sich auf bestimmte Tage, genannt Lostage. Einer der bekanntesten Lostage ist der Siebenschläfertag, der auf den 27. Juni fällt. Wie zuverlässig ist diese Prognose? Schon ein Blick auf die Varianten der Regel sagt, dass man es mit der Regel nicht so genau nehmen darf. Neben dem oben angeführten Spruch kursieren u. a. folgende Aussprüche:

Wie's Wetter am Siebenschläfertag,
so der Juli werden mag.

Werden die sieben Schläfer nass,
regnet's noch lange Fass um Fass.

In beiden Regeln fehlt die Zeitangabe von sieben Wochen. Ferner ist zu berücksichtigen, dass man das Wettergeschehen im Zeitraum des Lostages betrachten muss, also das Wetter einige Tage vor und nach dem Lostag im Auge haben sollte, wenn man eine längere Wetterprognose davon ableiten möchte.
Unter diesen beiden Aspekten, den Varianten eines Lostags und dem Wettergeschehen im näheren Zeitraum des Lostages, sind die Voraussagen der Bauernregel oft recht gut. Wer sie jedoch wörtlich nimmt, liegt oft daneben!

Wettervorhersagen heute

✦ Technisch gesehen wurden die Bauernregeln seit einigen Jahrzehnten überholt: Dank moderner Satellitentechnik ist die Wetterprognose sehr präzise, v. a. für die kommenden Stunden. Dazu kommen recht genaue Voraussagen für die kommenden Tage und Temperaturvoraussagen für bis zu zehn Tage. In den letzten Jahrzehnten hat sich die Trefferquote der Wettervorhersage enorm verbessert: Sie liegt für die kommenden 24 Stunden bei 90 Prozent. Webcams liefern aktuelle Bilder vom Wettergeschehen; mittels Smartphone ist das Wetter auch unterwegs abrufbar. Brauchen wir Bauernregeln überhaupt noch?

Fest steht, dass Landwirte heute – dank guter Wetterprognosen – nicht mehr existenziell auf Bauernregeln angewiesen sind. Dennoch ist das Interesse an dem Erfahrungsschatz der Landwirte enorm groß.

Erfahrungen von Generationen im Fokus der Wissenschaft

✦ Es sind heute weniger die Bauern, die auf die Bauernregeln zurückgreifen. In den letzten Jahren und Jahrzehnten haben sich Wissenschaftler immer wieder die Frage gestellt, wie viel Wahrheit in den Bauernregeln steckt. Insbesondere Langzeitprognosen, wie etwa „Fängt der August mit Hitze an, bleibt sehr lang die Schlittenbahn" wurden unter die Lupe genommen.

Wissenschaftlich betrachtet kann man die Bauernregeln in verschiedene Kategorien unterteilen. Man unterscheidet u. a. kalendergebundene Klimaregeln, also solche, die sich auf die Jahreszeiten, auf Monate oder bestimmte Tage im Monat beziehen, ferner Wetterregeln, die kurzfristige Prognosen geben, und schließlich Witterungsregeln, die langfristige Wettervoraussagen machen. Dazu kommen Tier- und Pflanzenregeln, Ernteregeln u. v. m. Dabei gilt natürlich, dass einzelne Regeln mehreren Kategorien zugeordnet werden können.

Dabei hat sich erwiesen, dass sehr viele Naturbeobachtungen, die als Bauernregeln allgemein bekannt sind, eine hohe Trefferquote haben. Genau diese Bauernregeln, die eine hohe Zuverlässigkeit haben, sind in diesem Buch zusammengestellt.

Naturbeobachtungen auf der Basis des Naturverständnisses früherer Jahrhunderte

✦ Darüber hinaus haben Bauernregeln einen besonderen Reiz – und das sind die Sprache bzw. der Sprachstil und die Logik der einzelnen Sprüche. Sehr viele Regeln sind im „Wenn-dann"-Stil verfasst, z. B. „Dreikönigsabend hell und klar verspricht ein gutes Erntejahr" oder „Kommen aus Norden die Vögel an, will die Kälte uns schon nah'n." In diesem Zusammenhang werden nur Phänomene in der Natur beschrieben. Was jedoch fehlt, ist die wissenschaftliche Erklärung.

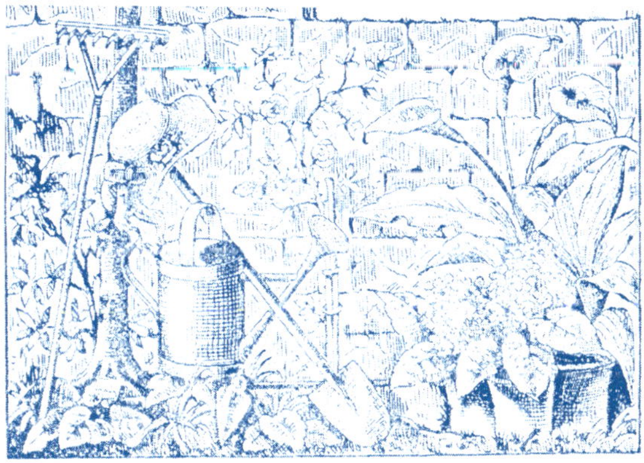

So gesehen liefern Bauernregeln durchaus wichtige Informationen im Sinne von Beobachtungen. Diese Naturbeobachtungen basieren auf dem Naturverständnis früherer Jahrhunderte, als es noch keine Messgeräte gab und man sich auf Erfahrungswerte und optische Eindrücke beschränken musste. Viele dieser Erklärungen sind aus heutiger Sicht rätselhaft und erklärungsbedürftig. „Warum ist das so?", fragen wir uns heute. Dieses Buch versucht, diese Lücke zu schließen und liefert Erklärungen auf der Basis moderner Naturwissenschaften.

Für Naturfreunde und Freizeitgärtner

✦ Viele Bauernregeln, v. a. solche, die sich auf Naturbeobachtungen stützen, haben eine hohe Trefferquote. Vor diesem Hintergrund lohnt es sich also, sich mit Bauernregeln zu befassen. Naturfreunde finden in diesem Buch jede Menge Anregungen für die Beschäftigung mit der Natur – egal, ob es sich um Tiere und Pflanzen oder Wind und Wolken handelt. Dazu kommen alle, die gern im Garten werkeln: Freizeitgärtner, die Obst, Kräuter und Gemüse anbauen, erhalten wertvolle Tipps für eine erfolgreiche, üppige Ernte.

Neben diesen Bauernregeln gibt es jede Menge Reime und Sprüche, die unter dem Begriff Bauernregeln kursieren, aber eher humoristisch gemeint sind. Getreu dem Motto „April, April, der macht, was er will" sind einige dieser Nonsenssprüche in diesem Buch mit aufgeführt. Und damit es nicht zu Verwechslungen mit den „echten" Bauernregeln kommt, sind die „Bauernregeln zum Schmunzeln" extra in einen Kasten gesetzt!

Bauernregel zum Schmunzeln

Im Frühling spazieren gehen,
im Sommer Fische fangen,
im Herbst den Vögeln stellen,
verdirbt manchen Junggesellen.

Mit Bauernregeln
durch das Jahr

Die Jahreszeiten

Bei der Einteilung des Jahres unterscheidet man die astronomischen und die meteorologischen Jahreszeiten. Dazu kommen die phänologischen Jahreszeiten.

Die astronomischen Jahreszeiten

✦ Die astronomischen Jahreszeiten sind davon bestimmt, in welchem Winkel die Sonnenstrahlen auf die Erde treffen. Da die Erdachse, die durch beide Himmelspole verläuft, um 23,27 Grad geneigt ist, fällt im Jahresverlauf das Sonnenlicht in ständig wechselnden Winkeln auf die Erdoberfläche. Dabei ist bei uns auf der Nordhalbkugel der Winkel im Sommer am steilsten, im Winter am flachsten. Je steiler der Winkel, umso wärmer wird es, je flacher, umso kälter die Witterung. Dabei gilt: Zu Beginn der Übergangsjahreszeiten, d. h. des Frühjahrs (20./21. März) und des Herbstes (22./23. September), steht die Sonne jeweils senkrecht zum Äquator – das sind jeweils die Termine der Tag- und Nachtgleiche. Bei Winteranfang am 20./21. Dezember steht sie senkrecht über dem südlichen Wendekreis, bei Sommeranfang (20./21. Juni) senkrecht über dem nördlichen Wendekreis.

Bauernregel zum Schmunzeln

**Wird der Tag der Nacht
gleich gemacht,
bleibt der Tag doch heller als
die Nacht.**

Die meteorologischen Jahreszeiten

✦ Die meteorologischen Jahreszeiten stimmen nicht völlig mit den astronomischen überein. Schließlich geht es ums Wetter, das von Natur aus wechselhaft und unbeständig ist. Meteorologen unterteilen die Jahreszeiten nach den Monaten. Dabei stehen die Wintermonate für die kältesten Monate, die Sommermonate für die wärmsten; Frühling und Herbst sind die Übergangsjahreszeiten.

- ✦ Winter: Dezember, Januar, Februar
- ✦ Frühling: März, April, Mai
- ✦ Sommer: Juni, Juli, August
- ✦ Herbst: September, Oktober, November

Phänologie – die Jahreszeiten nach dem Kalender der Natur

✦ Wann genau beginnt der Frühling? Wann die übrigen Jahreszeiten? Wer sich, wie die Bauern, mit Tieren und Pflanzen, d. h. mit der Natur befasst, für den spielt die Phänologie eine Rolle.

Die Phänologie ist eine Wissenschaft, die sich mit periodisch wiederkehrenden Wachstums- und Entwicklungserscheinungen in der Natur befasst. Da Tiere jedoch nicht immer leicht zu beobachten sind, stehen bei wissenschaftlichen Beobachtungen meist Pflanzen im Mittelpunkt.

In diesem Zusammenhang geht es um Wachstumsphasen wie etwa die Blütenzeit, den Beginn der Blattentfaltung oder der Blattverfärbung. Anhand dieser Daten kann man nicht nur mittel-, sondern auch langfristige Veränderungen in der Vegetation feststellen. Die Phänologie ist, wie die Wetterbeobachtung, auf der die Bauernregeln beruhen, eine sehr alte Wissenschaft. Seit den 1950er Jahren ist sie im Zusammenhang mit der Industri-

alisierung der Landwirtschaft, der Entwicklung neuer Sorten und Anbaumethoden sowie des chemischen Pflanzenschutzes ein wenig in Vergessenheit geraten. Heute, im Zuge des Klimawandels, erlebt die Phänologie einen Aufschwung. Die Eintrittszeiten phänologischer Phasen, die anhand von bestimmten Pflanzen dokumentiert werden, spiegeln Umwelteinflüsse wider. Wenn die Daten über einen längeren Zeitraum eine bestimmte Tendenz aufweisen, kann man eine Veränderung von Umwelt und Klima nachweisen.
Beispiel: In den Alpen beginnt die Blüte der Hasel immer früher. Innerhalb von rund 50 Jahren, von 1951 bis 2002, hat sich der Start des Frühlings, so eine Schweizer Untersuchung, um 17 Tage verschoben. Der Winter wurde damit kürzer. Mit derartigen Untersuchungen, zu denen natürlich weitere Daten hinzukommen müssen, kann man den Klimawandel sehr gut nachweisen.

Der Deutsche Wetterdienst betreibt aktuell 1250 Stationen, die phänologische Beobachtungen durchführen. Dabei werden an ausgewählten Bäumen, Sträuchern und Stauden u. a. Blattentfaltung, Blüte, Fruchtreife und Laubverfärbung beobachtet; bei landwirtschaftlichen Kulturpflanzen werden neben bestimmten Entwicklungsstadien auch Daten zu Bestellung und Ernte erhoben und aufgezeichnet. Diese Daten werden in der Landwirtschaft genutzt.

Neu hinzugekommen ist in den letzten Jahren die Pollenflugvorhersage. Sehr viele Menschen leiden unter einer sogenannten Pollenallergie. Ihr Körper überreagiert auf die Eiweiße in den Blütenpollen. Die Augen röten sich, die Schleimhäute in der Lunge, den Bronchien und in der Nase schwellen an, von Heuschnupfen ist die Rede. Dabei fallen die allergischen Reaktionen auf die Pollen einzelner Pflanzenarten oft ganz unterschiedlich aus: Viele Menschen sind nur auf Pollen einzelner Grasarten allergisch. Für sie ist es deshalb besonders wichtig, dass sie rechtzeitig über den bevorstehenden Pollenflug informiert werden.

Der phänologische Kalender

✦ Wie entwickelt sich die Natur im Verlauf des Jahres? Um die Zusammenhänge in der Natur zu dokumentieren und eine Orientierung zu liefern, entwickelte man den sogenannten phänologischen Kalender. Er unterteilt die Jahreszeiten in jeweils drei Phasen: Eine Vor-Phase, eine Voll- bzw. Hoch-Phase und eine Spät-Phase. Zeigerpflanzen markieren den Beginn der jeweiligen Phasen. Der Winter ist bei dieser Einteilung in drei Phasen ausgenommen, da die Vegetation in dieser Zeit ruht. Er besteht also nur aus einer Phase. Zusammengerechnet ergeben sich so im phänologischen Kalender nicht vier, sondern zehn Jahreszeiten.

Jahreszeit	Zeigerpflanzen für den Beginn	Arbeiten in der Landwirtschaft (Auswahl)	Zeitraum im Flachland
Vorfrühling	Hasel, Märzenbecher Schneeglöckchen, Salweide (Blüte)	Aussaat des Sommergetreides	Mitte Februar bis Mitte März
Erstfrühling	Forsythie, Beerensträucher: z. B. Stachelbeere; Obstbäume: Kirsche, Pflaume, Birne, Schlehe; Ahorn (Blüte), Birke und Buche (Laubentfaltung)	Setzen der Kartoffeln und Aussaat der Futterrüben	Ende März bis Ende April
Vollfrühling	Apfel, Flieder und Rosskastanie (Blüte); Eiche und Hainbuche (Laubentfaltung)	Jäten auf den Feldern	Ende April bis Mitte Mai

Frühsommer	Holunder, Robinie, Wiesen und Getreide	Gemüseanbau im Bauerngarten	Mitte/Ende Mai bis Ende Juni
Hochsommer	Linde (Blüte); Reife von Johannisbeere und Winterroggen	erste Heuernte, Beerenernte (Stachelbeeren, Johannisbeeren), Getreideernte Ernte der Frühkartoffeln	Juli
Spätsommer	Heide (Blüte); Obst – frühe Sorten und Eberesche (Fruchtreife); Getreideernte (Reife)	Obsternte; Getreideernte	Ende Juli bis Mitte/Ende August
Frühherbst	Herbstzeitlose (Blüte); Holunder, Obst, Rosskastanie (Frucht)	Obsternte	Ende August bis Mitte September
Vollherbst	Stieleiche (Frucht bzw. Samen)	Haupternte der Spätkartoffeln und Aussaat des Wintergetreides. Rübenernte.	Mitte September bis Mitte Oktober
Spätherbst	Stieleiche, Rosskastanie (Blattfärbung)	Winterfurche	Mitte Oktober bis Mitte November
Winter	Winterweizen (Auflaufen); Apfel, Stieleiche (Blattfall)	keine Arbeiten auf dem Feld, da Vegetationsruhe	Mitte November bis Mitte Februar

Der phänologische Kalender berücksichtigt nur bei den Pflanzen den Rhythmus der Natur im Jahresverlauf. Doch auch die Tiere passen sich in ihrem Verhalten dem Klima und der Witterung an und geben auf diese Weise wertvolle Hinweise. Besonders auffällig ist in diesem Zusammenhang das Verhalten der Zugvögel. Zugvögel verbringen die warmen Monate bei uns, um hier zu brüten. Sobald es kühler wird und der Winter naht, ziehen sie in wärmere Regionen.

Vogelzug-Kalender

Setzt der Frühling spät oder früh ein? Ein Vogelzug-Kalender, der die Ankunfts- und Abflugzeit der Zugvögel dokumentiert, ergänzt die Hinweise, die die Zeigerpflanzen des phänologischen Kalenders liefern.

Vogelart	Zeitraum in Monaten											
	1	2	3	4	5	6	7	8	9	10	11	12
Singdrossel			Mitte									
Hausrotschwanz			Ende									
Storch			Ende					Jungvögel 2 Wochen vor den Eltern				
Rauchschwalbe				Anfang								
Kuckuck				Ende								
Mauersegler				Ende			Ende					
Gartengrasmücke												

Legende:

steht für Ankunft bzw. Abflug

steht für Daueraufenthalt

Bauernregel zum Schmunzeln

Bauern und Schweine haben immer was zu grunzen.

Phänologie in den Bauernregeln

Phänologische Beobachtungen, die ja alle Naturbeobachtungen sind, spielen auch bei den Bauernregeln eine wichtige Rolle.

Wenn die Esche Knospen trägt,
gibt es keinen Frost mehr.

Wenn die Eiche Blätter kriegt,
ist der Frost gewiss besiegt.

Fliegen die Schwalben in den Höh'n,
kommt ein Wetter, das ist schön.

Frösche auf Stegen und Wegen
deuten auf baldigen Regen.

Geht der Fisch nicht an die Angel,
ist der Regen bald kein Mangel.

Kommen aus Norden die Vögel an,
will die Kälte uns schon nah'n.

Kommen die Bienen nicht heraus,
ist's mit schönem Wetter aus.

Wenn die Drossel schreit,
ist der Lenz nicht mehr weit.

Bauern, die sich nach diesen Beobachtungen richten, können von einer hohen Treffsicherheit ausgehen. Phänologische Beobachtungen dokumentieren immer wieder eintretende Phänomene in der Natur.

Jahreszeiten nach den Bauernregeln

✦ Die Bauernregeln orientieren sich weitgehend an den meteorologischen Jahreszeiten, wie folgende Bauernregel belegt:

St. Clemens uns den Winter bringt,
St. Petri Stuhl der Frühling winkt,
den Sommer bringt uns St. Urban,
der Herbst fängt um Bartholomäi an.

(St. Clemens: 23. November, St. Petrus: 25. Februar, St. Urban: 25. Mai, St. Bartholomäus: 24. August)

Bauernregeln
im Winter

Von Dezember bis Februar

Nach den Bauernregeln umfasst der Winter die Monate Dezember, Januar und Februar. Sie sind die kältesten Monate im Jahr. Der Winter war für die Bauern eine eher ruhige Jahreszeit. Natürlich musste das Vieh im Stall versorgt werden. Doch sonst gab es draußen nicht so viel zu tun wie sonst: Man nutzte die Zeit für Reparaturen an den Geräten und Werkzeugen. Die Frauen beschäftigten sich mit Handarbeiten – Nähen, Flicken und die Kleidung in Schuss halten stand auf dem Programm. Wenn es draußen etwas zu tun gab, dann im Wald – die Männer holten das Holz aus dem Hochwald.

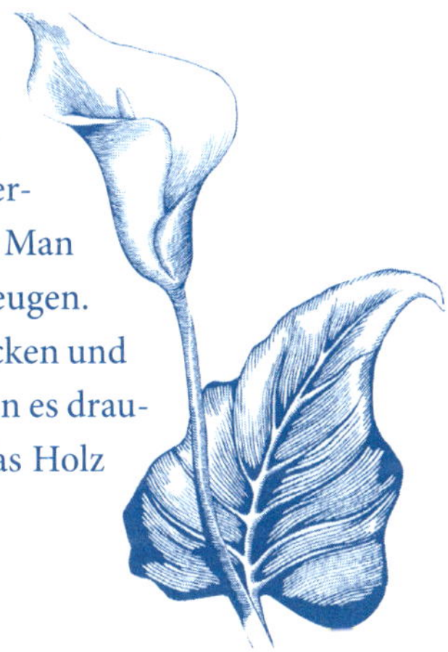

Bauernregeln rund um den Winteranfang

Als erster Wintermonat nach dem Bauernkalender bringt der Dezember Kälte, Regen und Schnee. Wer jedoch davon ausgeht, dass es im Dezember kontinuierlich kälter wird, der irrt! Weiße Weihnachten – ja oder nein? Diese Frage stellen wir uns nicht erst, seitdem wir uns um das Klima Sorgen machen und „zu warme" Monate als Zeichen des Klimawandels interpretieren. Im Dezember gibt es – und das sagen auch die Bauernregeln – starke Temperaturschwankungen.

Zeigt früh im Dezember sich der Seidenschwanz,
begleitet harter Frost des Winters Glanz.

Der Seidenschwanz ist ein Vogel Nordskandinaviens und der Taiga, also der sibirischen Steppe. Dort wird es im Winter besonders kalt, die Temperatur kann bis unter minus 30 Grad Celsius sinken. Dann wird es auch dem Seidenschwanz zu kalt; er findet unter der Schneedecke kein Futter mehr. Deshalb zieht er dann in wärmere Regionen, nach Mitteleuropa, wo er sich im Winter von Beeren ernährt. Wenn Seidenschwänze gehäuft bei uns auftreten, kann man mit einem strengen Winter rechnen: Die kalte Luft aus dem Norden wird unserer milderen nachströmen. Aus diesem Grund gilt der Seidenschwanz als ein Vorbote großer Kälte.

Fällt auf Eligius ein kalter Wintertag,
die Kälte noch vier Wochen dauern mag.
(St. Eligius: 1. Dezember)

Erster Advent hinter vereisten Scheiben,
dann wird's der Winter lange arg treiben.

Liegt die Temperatur Ende November bzw. in den ersten Dezembertagen unter dem Gefrierpunkt, so ist es recht wahrscheinlich, dass das kalte Wetter andauert. Der Grund: eine Großwetterlage zu Winterbeginn. Großwetterlagen neigen dazu, über einen längeren Zeitraum zu wirken. Dass es dann wirklich vier Wochen lang kalt ist, bleibt jedoch unwahrscheinlich. Recht sicher ist es jedoch, dass in den Jahren, in denen es bereits Anfang Dezember kalt ist, auch an Weihnachten Schnee liegt.

Wird es weiße Weihnachten geben? „Schuld" daran, dass es vor Weihnachten sehr oft wärmer wird, sind Tiefdruckgebiete, die aus dem Westen zu uns kommen. Von Westen, d. h. vom Atlantik, und der bringt vergleichsweise warme Meeresluft.

Um den Jahreswechsel gibt es sehr häufig eine Kältewelle:

Haben's die unschuldigen Kinder kalt,
so weicht der Frost noch nicht so bald.
(Unschuldige Kinder: 28. Dezember)

Wenn an Weihnachten das Wetter – wie sehr oft – mild war, ist der Winter noch lange nicht vorbei!

Wenn's auf Weihnacht ist gelind,
sich noch viel Kält' einfind.

Ist's an Weihnachten lind und rein,
wird's ein langer Winter sein.

Diese Bauernregeln geben eine Erfahrung wieder: Wenn es an den Weihnachtstagen zu warm ist, droht in den kommenden Wochen ein Kälteeinbruch.

Bauernregeln zum Schmunzeln

**Friert zu Silvester Berg und Tal,
geschieht's dies Jahr zum letzten Mal.**

**Gibt's Schnee und Eis im Januar,
so fängt mit Kälte an das Jahr.**

**Wenn am Dach hängen gefrorene Spitzen,
dann ist gut beim Ofen sitzen.**

Wird es bald schneien? Gibt es „weiße Weihnachten"?

✦ Auch darauf wissen die Bauernregeln eine Antwort!

**Tummeln sich abends die Meisen am Futterhaus,
bleibt baldiger Neuschnee ganz sicher nicht aus.**

**Am Futterplatz viel Meisen vor Sonnenuntergang,
bringt Schneefall, oft viele Stunden lang.**

Wenn am Abend insektenfressende Vögel zum Futterhaus kommen, dann ist das ein Zeichen, dass sie an ihren angestammten Futterplätzen keine Nahrung mehr finden. Was hat das mit dem Schnee zu tun? Bevor Schnee fällt, sinkt die Temperatur. Die Feuchtigkeit in der Luft legt sich als Eisschicht um die Stämme und Rinden. Genau dort halten sich Käfer und Insekten, die Nahrung der Vögel, auf. In der Kälte benötigen die Vögel sehr viel mehr Energie als im warmen Sommer – und das bei weniger Futterangebot. Spätestens jetzt ist Füttern angesagt!

Deshalb gilt:

- ✦ Futterhäuschen aufstellen und die Vögel füttern – am besten mit einer Kombination aus Körnerstreufutter und Meisenknödel! Nicht geeignet sind Brot und Essensreste.
- ✦ Um die Vögel und Insekten vor der Kälte zu schützen, sollte man bereits im Herbst Brutkästen aufhängen.

Doch nicht nur Vögel sind in Bedrängnis, wenn es kräftig schneit. Ein Anzeichen, dass Schnee „droht“, geben die Hirsche, die die Berge und Wälder verlassen:

Wenn der Hirsch von den Bergen flieht,
in Kürze tiefer Schnee die Höhen überzieht.

Während sich Gämsen während des Sommers Winterspeck zulegen und so den Winter auf den Bergen überstehen, zieht es die Hirsche ins Tal, wo sie auf den abgeernteten Feldern nach Futter suchen.

Brauchtum im Winter: Barbarazweige sollen Fruchtbarkeit voraussagen

✦ Am 4. Dezember ist Barbaratag. Zu diesem Anlass schnitt man – und diesen Brauch gibt es noch heute – am Barbaratag Zweige von Kirschbäumen. Wenn man die Zweige ins Wasser stellt, blühen sie zu Weihnachten. Wie viele Blüten gibt es?

Anhand der Zahl der Blüten versuchte man vorauszusehen, wie viele Blüten am Baum sind und wie gut die Ernte im kommenden Jahr ausfallen kann.
Übrigens: Nicht nur Zweige von Kirschbäumen eignen sich dafür – auch mit Zweigen von Apfel- und Pflaumenbäumen kann man dieses dekorative Ernte-Experiment durchführen. Ebenso geeignet als Winterdekoration sind Zweige von Birken, Forsythien, Haselnuss und Kastanien.

Fast eine Ausnahme im Wetterkalender: weiße Weihnachten

✦ Auch wenn auf Weihnachtskarten, Kalenderblättern zum Dezember und auf Weihnachtsgeschenkpapier stets schneebedeckte Landschaften zu sehen sind – weiße Weihnachten sind selten.
Bis weit in den Dezember hinein kommt es immer wieder vor, dass die kalte Witterung plötzlich umschlägt – auf Schnee folgt Tauwetter mit Regen. Der Grund: Gerade um Weihnachten herum kommen Winde aus Westen, d. h. warme Meereswinde, zu uns und sorgen für Tauwetter an den Weihnachtsfeiertagen.
Das hat zur Folge, dass weiße Weihnachten umso seltener bzw. unwahrscheinlicher sind, je näher ein Ort am Meer liegt. Konkret: Hamburger erleben weiße Weihnachten innerhalb von zehn Jahren nur einmal, wer in Frankfurt wohnt, hat alle sieben Jahre Schnee an Weihnachten. Am meisten Glück haben die Münchner, die sich alle drei Jahre auf Schlittentouren und Skiabfahrten an Weihnachten freuen können.
Wer jedoch ganz sichergehen will, der fährt in die Berge – eine Höhe von 1.200 Metern über dem Meeresspiegel gilt an den Weihnachtstagen als absolut schneesicher!
Wie wichtig kaltes Winter- bzw. Weihnachtswetter für die Ernte ist, belegen folgende Bauernregeln:

**Bringt das Christkind Kält' und Schnee,
drängt das Winterkorn in die Höh'.**

**Wenn es Weihnachten flockt auf allen Wegen,
das bringt den Feldern Segen.**

**Ist die Weihnacht hell und klar,
hofft man auf ein fruchtbar Jahr.**

Kommt der Winter noch?

✦ Diese Frage ist nicht ganz unberechtigt – es gibt Jahre, da hat man den Eindruck, der Winter kommt gar nicht mehr, so mild ist es bis in den Dezember. Entsprechend lautet auch die Bauernregel:

**Fließt Nikolaus noch Birkensaft,
kriegt der Winter keine Kraft.**

Wenn Birkensaft fließt, dann heißt das, dass die Temperaturen noch warm sind. Erst wenn es kalt genug ist, dann stellen die Bäume die Blattversorgung ein; die Blätter verfärben sich und fallen ab. Birkensaft wird seit vielen Jahren in Skandinavien und dort überwiegend im Norden, in Lappland, gewonnen. Man zapft dafür meist die Stämme an und gewinnt so Birkensaft, auch Birkenwasser genannt. Der Saft ist flüssig wie Wasser, nur etwas süßlicher, und enthält viele Vitamine. In Schweden und Finnland gibt es Betriebe, die sich auf den Vertrieb von Birkenwasser spezialisiert haben. Den Bäumen schadet das Abzapfen kaum: 150 bis 200 Liter Birkenwasser transportiert eine Birke im Frühjahr in die Baumkrone. Ideale Erntezeit

ist das Frühjahr. Früher zapften Waldarbeiter während der Arbeit Birken an – so hatten sie jederzeit ein frisches, gesundes und leckeres Getränk – und das direkt vor Ort, ganz ohne Transportaufwand!
Ist der Anfang mild, bleibt es den Winter über so – diese Regel gilt nur eingeschränkt: Nach einem milden Winteranfang während der ersten zehn Tage im Dezember folgt ein meist milder Hochwinter. Doch dazwischen, im zweiten Monatsdrittel, wird es in der Regel kalt.
Ganz ähnlich ist folgende Bauernregel, die sich auf die ersten Januartage, genauer gesagt, den Dreikönigstag am 6. Januar bezieht.

War bis Dreikönig noch kein Winter,
so folgt auch keiner mehr dahinter.

Diese Wetterregel hat eine Trefferquote von rund 70 Prozent: War es bis in die ersten Januartage durchgehend mild, dann kann man davon ausgehen, dass auch der Rest des Monats mild bleibt. Das gilt sogar für den Februar!
Wenn es von Weihnachten bis zum Dreikönigstag bei geschlossener Schneedecke kalt ist, dann ist mit einer Wahrscheinlichkeit von 80 Prozent ein zu kalter Januar zu erwarten.

Überhaupt gilt: Im Januar fängt der eigentliche Winter erst an:

Werden die Tage länger,
wird der Winter strenger.

**Wenn der Tag beginnt zu langen,
kommt der Winter erst gegangen.**

Die Sonne scheint länger, und trotzdem ist es oft bitterkalt. Der Grund: In der Polarregion, wohin im Winter kaum noch Sonnenstrahlen kommen, kühlt die Luft sehr stark ab. Im Winter gelangt immer wieder kalte Luft aus dem Norden zu uns. Da spielt es kaum eine Rolle, dass die Sonne bereits länger scheint – der Winkel, in dem die Sonnenstrahlen auftreffen, ist noch sehr flach und kann die Erde kaum erwärmen.

Bauernregel zum Schmunzeln

**Wenn's schneit und es kommt noch
Regen dazu,
dann gibt's im Jenner nasse Schuh.**

Ein weiterer wichtiger Lostag, der einen Hinweis darauf gibt, ob der Frühling bald kommt, ist Mariä Lichtmess. Der Feiertag wird am 2. Februar begangen.

**Ist's an Lichtmess hell und rein,
so wird's ein langer Winter sein.**

**Wenn es aber stürmt und schneit,
ist der Lenz gar nicht mehr weit.**

**Lichtmess schön und trocken,
muss der Winter lange hocken.**

Die Erfahrung zeigt, dass Hochdruckwetter, d. h. schönes und klares Wetter, verbunden mit Kälte, lange anhält. Das Hoch zieht Luftströme aus dem Osten, d. h. der kalten Landmassen in Osteuropa und Sibirien nach sich. Besonders kalt ist es, wenn Schnee liegt. Und das ist in der Regel der Fall – in ganz Mitteleuropa sind der 5. und 6. Februar die schneereichsten Tage!

St. Dorothee bringt den meisten Schnee.

(St. Dorothee: 6. Februar)

Hochdruckwetter, kalte Kontinentalluft aus dem Osten und jede Menge Schnee sorgen dafür, dass der Februar in der Regel der kälteste Monat des ganzen Jahres ist.

Wie wird die Ernte?

✦ In den Wintermonaten können Bauern kaum etwas tun, um für die Ernte vorzusorgen. Da bleibt nur, das Wetter und die Natur zu beobachten. Gibt es Schnee? Wie kalt wird es? Wann wird es kalt?

Für eine gute Getreideernte müssen die Wintermonate kalt und schneereich sein. Wenn es im Winter zu warm ist, droht eine Missernte.

**Im Dezember sollen Eisblumen blüh'n,
Weihnachten sei nur auf dem Tische grün.**

**Pauli klar, ein gutes Jahr,
Pauli Regen, schlechter Segen.**
(Paul vom Rode: 4. Januar)

Entsprechendes gilt für den Februar:

**Regnet's an St. Valentin,
ist die halbe Ernte hin.**

Warum ist Kälte so wichtig für die Pflanzen? Wintergetreide benötigt Kältephasen, nur dann kann es keimen. Dabei darf die Temperatur weit unter den Gefrierpunkt sinken: Winterraps verträgt Temperaturen bis minus 15 Grad Celsius, Wintergerste bis minus 18 Grad Celsius, Winterweizen bis minus 20 Grad Celsius. Besonders hart im Nehmen ist Winterroggen, der bis minus 25 Grad Celsius verträgt. Vorausgesetzt, es liegt Neuschnee – dieser isoliert so gut, dass die Temperatur im oberen Bodenbereich nur wenig unter dem Gefrierpunkt liegt.

**Wenn Fröste überm Januarschnee ihr Zepter schwingen,
wird's reiche Ernte uns im Jahre bringen.**

**Der Januar muss vor Kälte knacken,
wenn die Ernte soll gut sacken.**

**Januar hart und rau,
nutzt dem Getreidebau.**

**Soll man den Januar loben,
muss er frieren und toben.**

**Im Januar sieht man lieber den Wolf als einen Bauern
in Hemdsärmeln.**

**Ist der Jänner von Anfang bis Ende gut,
so hat das ganze Jahr guten Mut.**

**Ist Dreikönig hell und klar,
gibt's viel Wein und Obst in diesem Jahr.**

Wichtig ist eine ausreichende Schneedecke. Sie wirkt, auch bei sehr kalten Temperaturen, als Frostschutz für die Pflanzen. Dadurch wird verhindert, dass sich die oberste Bodenschicht, in der noch Feuchtigkeit ist, durch den Frost anhebt. Man spricht dabei von Frosthebung oder Frosthub. Wenn die Pflanzen mit der obersten Erdschicht angehoben werden, werden die empfindlichen Wurzeln geschädigt – ein schwerer Schlag für die Wintersaat!

Dezember kalt mit Schnee,
niemand sagt o weh.
Es gibt Korn in jeder Höh.

Dem Korn unterm Schnee
tut die Kälte nicht weh.

Eine gute Decke von Schnee
bringt das Winterkorn in die Höh.

Soll die Frucht gedeihen,
muss es tüchtig schneien.

Der Januar mit Schnee und Eis,
von Heu und Korn zu künden weiß.

Die Erde muss ihr Betttuch haben,
soll sie der Winterschlummer laben.

Nicht zu kalt, sondern sonnig wünschen sich die Winzer das Wetter für den winterlichen Rebschnitt:

**Scheint an Martina die Sonne heller,
wird sich mit Rebensaft füllen der Keller.**
(St. Martina: 30. Januar)

Umgekehrt gilt: Wenn es Ende Dezember und im Januar verhältnismäßig warm ist und regnet, dann ist die Ernte in Gefahr. Wenn später nämlich noch ein Wintereinbruch folgt und der Schnee fehlt, werden die Saaten beschädigt – entsprechend schlecht sind bereits jetzt, am Jahresanfang, die Aussichten für die Ernte im Herbst.

**Silvesterwind und warme Sunn',
wirft jede Hoffnung in den Brunn'.**

**Ist der Januar sehr nass,
bleibt leer des Winzers Fass.**

**Hat der Januar viel Regen,
bringt's den Früchten keinen Segen.**

**Ein Januar wie ein März
ist dem Bauern ein schlechter Scherz.**

**Im Januar viel Muckentanz,
verdirbt die Futterernte ganz.**

**Januar ganz ohne Schnee,
tut Bäumen, Bergen und Tälern weh.**

**Ein Jahr, das schlecht will sein,
stellt sich schwimmend ein.**

**Januar warm,
Gott erbarm.**

Ein milder Januar galt sogar als Vorbote eines Hungerjahres:

**Wenn im Januar der Südwind brüllt,
werden die Kirchhöfe schnell gefüllt.**

Das Winterwetter im Februar ist entscheidend für den Ausgang der Obsternte:

**Wenn der Februar starke Fröste gebiert,
wenig Frucht die Bäume zur Ernte ziert.**

**Scheint im Februar die Sonne auf den Baum,
bleibt dem Obst nur wenig Raum.**

Im **Februar** kann es durch Hochdruckgebiete aus dem Norden zu erheblichen Frösten kommen. Dann sind die Blüten der Obstbäume gefährdet – und mit ihnen die Ernte eines ganzen Jahres.

Doch es kann sogar noch schlimmer kommen: Im Februar steht die Sonne schon recht hoch am Himmel. Da die Bäume noch kein Laub tragen, scheinen bei klarem Wetter die Sonnenstrahlen direkt auf den Stamm und die Äste der Bäume. Jetzt sind v. a. die Obstbäume gefährdet: An den sonnenbeschienenen Seiten dehnt sich die Rinde und das Holz darunter aus, an der sonnenabgewandten Seite jedoch nicht. Dann können Stamm und Rinde reißen. Risse in der „Außenhaut“ der Bäume schwächen die Pflanzen sehr: Häufig dringen Schädlinge ein und dann ist nicht nur eine Ernte, sondern der ganze Baum in Gefahr!
Doch man wusste bereits früher, wie man die Gefahr des Stammrisses umgeht: Einfach im Herbst die Bäume mit flüssigem Kalk anstreichen. Das Weiß des Kalks reflektiert die Sonnenstrahlen, sodass sich das Holz nicht so stark erwärmt wie auf einer braunen Fläche – der eigentlichen Farbe der Obstbaumstämme.

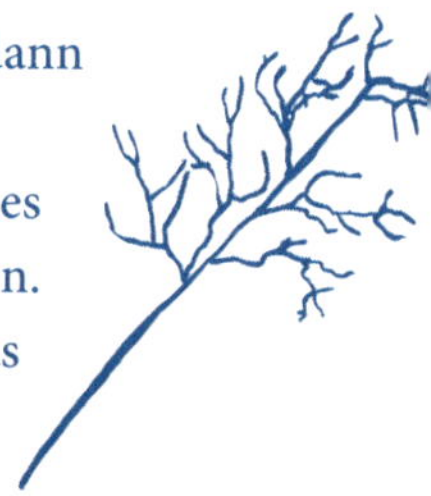

Bauernregeln zum Schmunzeln

Dezemberwind macht die Nasen rot,
die es nicht schon sind.

Ist das Wetter hell und klar,
wird's ein schöner Januar.
Wenn's dagegen stürmt und schneit,
fehlt es mit der Schönheit weit.

Silvesternacht düster oder klar,
deutet auf ein neues Jahr.

Ist's in der Neujahrsnacht finster und still,
fehlt es am Geld oder am guten Will'.

Kann man vom Winterwetter auf das Wetter im späteren Jahresverlauf schließen?

✦ Aber sicher! Statistische Auswertungen zeigen, dass sehr viele Bauernregeln, die Langzeitprognosen abgeben, mit großer Wahrscheinlichkeit zutreffen.
Bereits das Wetter zu Winteranfang, im Dezember, gibt Hinweise wie es um die Niederschläge und Temperaturen im Frühling und Sommer steht:

Wie der Dezember, so der Lenz.

So kalt wie der Dezember, so heiß wird's im Juni.

Hat der Evangelist Johannes (27. Dezember) **Eis,**
dann macht es der Täufer (24. Juni) **heiß.**

Trockener Dezember, trockenes Frühjahr.

Die Statistik sagt dazu: Wenn im Dezember die Temperatur über dem Monatsdurchschnitt liegt, dann ist die Wahrscheinlichkeit bei 70 Prozent, dass auch das Frühjahr warm wird. Umgekehrt ist es ist es jedoch im Sommer: Wenn das Temperaturmittel im Dezember unter null Grad Celsius liegt, dann können wir uns auf einen warmen Juni freuen – das gilt, rein rechnerisch, in sieben von zehn Jahren.
Entsprechendes gilt für den Januar:

Hat Tatjana Sonnenschein im Geleit,
hält sich ein freundlicher Herbstmond bereit.
(St. Tatjana: 12. Januar)

Wenn zu Antoni die Luft ist klar,
gibt's bestimmt ein trockenes Jahr.
(St. Antonius: 17. Januar)

Große Kält' am Antonitag,
große Hitz' am Lorenzitag.
(St. Lorenz: 10. August)

Bringt Sonnenschein von Anton bis Agnes der Tag
und zeigt sich kalt und klar die Nacht,
der Sommer schönes Wetter zu bringen vermag,
doch auch trocken und dürre die Felder er macht.

Wie's Wetter am St. Vinzenz war,
so kann's auch sein das ganze Jahr:
Schönes Wetter bringt Gewinn,
drum merk' den Tag in deinem Sinn.
(St. Vinzenz: 22. Januar)

Die Namenstage der heiligen Tatjana und des heiligen Antonius liegen Mitte Januar, genauer gesagt am 12. Januar für Tatjana und am 17. Januar für Antonius. St. Agnes wird am 21. Januar, St. Vinzenz einen Tag darauf gefeiert.

Die Bauernregeln für diese Tage liegen richtig: Die Wetteraufzeichnungen zeigen in der Tendenz, dass viel Sonnenschein um Mitte Januar lang anhaltendes trockenes Wetter zur Folge hat. In sieben von zehn Jahren, so sagt die Statistik, kommt es nach einer klaren, kalten und sonnigen Januarmitte zu einem insgesamt trockenen Jahr. Auch das Wetter im Februar verrät einiges über den kommenden Sommer und das ganze Jahr. Wenn es „schlecht“, d. h. mit Nebel und Regen, beginnt, droht wenig Gutes:

So viel Nebeltage im Februar,
so viel kalte Tage im August.

Je nasser der Februar,
desto nasser das ganze Jahr.

Wenn der Februar zu feucht ist, dann ist die Wahrscheinlichkeit hoch, dass während des ganzen Jahres viele Niederschläge fallen werden. Umgekehrt gilt:

Ist's im Februar kalt und trocken,
so wird's im August heiß.

Bauernregeln
im Frühling

Von März bis Mai

Nach den Bauernregeln umfasst der Frühling die Monate März, April und Mai. Der Frühling ist – wie der Herbst – ein Übergangsmonat. Mal ist es noch kalt wie im Winter, mal wird es schon sommerlich warm. Die Bauern, die den ganzen Winter kaum Arbeit auf dem Feld hatten, warteten ungeduldig darauf, dass sie endlich wieder draußen ihrer Arbeit nachgehen und Vorbereitungen für eine erfolgreiche Ernte treffen konnten.

Im Frühling geht das Bauernjahr richtig los: Bevor die Tiere auf die Weide kommen, werden die Zäune repariert, Gräben gesäubert und der Bauerngarten neu bepflanzt. Die Kartoffeln müssen zunächst vorgetrieben und dann gesetzt werden. Gründünger wird untergepflügt, dazu kommt die Aussaat von Sommergetreide. Nach den Eisheiligen Mitte Mai wird das Gemüse ins Freiland gepflanzt.

Kalt und nass oder heiß und trocken – das Gelingen der Saat ist sehr vom Wetter im Frühling abhängig! Der Frühling als Jahreszeit des Übergangs bietet Wetterlagen aller Art – von Schneefall und Frost bis hin zu Hitze und Gewitter.

Bauernregel zum Schmunzeln

Wo der Mistwagen nicht hinkommt, hört Gottes Segen auf.

Regen – nicht immer ein Segen für die Landwirtschaft

✦ „Regen bringt Segen“ lautet ein geflügeltes Wort. Doch das gilt nicht zu jedem Zeitpunkt im Kalender der Landwirte. Regen, d. h. auch Nässe – und die ist oft nicht gut für die Pflanzen!

Zum Frühjahrsbeginn steht der Regen nicht auf der Wunschliste der Bauern. Im Gegenteil: Wenn der Winter günstig, d. h. mit Frost und einer reichlichen Schneedecke, verlaufen ist, dann ist der Bo-

den zu Frühlingsbeginn ohnehin feucht. Die Sonne sorgt dafür, dass der Schnee schmilzt und die Erde darunter feucht wird. Jetzt Regen – das wäre in mehrfacher Hinsicht ungünstig: Nur wenn es im Frühjahr trocken ist, kann die Aussaat rechtzeitig losgehen und die Pflanzen haben genügend Zeit, heranzuwachsen und zu reifen. Regen im zeitigen Frühjahr hat viele Nachteile. Der Beginn der Aussaat verschiebt sich nach hinten, die Pflanzen haben weniger Zeit zum Heranwachsen, die Erträge sinken – es wird weniger geerntet. Dazu kommt, dass die Erde ausgewaschen wird und die Fruchtbarkeit sinkt.
Entsprechend ist es im Sommer, wenn die Heu- und Getreideernte eingebracht werden soll. Wenn das Getreide so nass wird, dass es umknickt, ist nicht nur die Ernte mühsam. Die Körner drohen zu verderben. Ähnlich ist es beim Gras. Es wächst zwar gut, wenn es regnet, ist aber schwer zu schneiden. Dazu kommt, dass es zu Heu getrocknet werden musste, um es haltbar zu machen.

Wann kommt der Frühling?

✦ Die ersten Anzeichen, dass es dauerhaft wieder wärmer wird, sind im Februar zu spüren. Früher galt der Matthiastag am 24. Februar als wichtiger Lostag:

**Matthias bricht das Eis. Hat er keins,
dann macht er eins.**

**Tritt Matthias stürmisch ein,
wird bis Ostern Winter sein.**

Ende Februar ist das Wetter oft sehr mild. Bei frühlingshaften 20 Grad Celsius „bricht“ das Eis, d. h. es schmilzt. Doch was passiert, wenn es bislang noch gar nicht

winterlich kalt war? Wind steht für Wetterumschwung – er ist in diesem Fall der Vorbote für einen Wintereinbruch.
Der Februar ist vorbei. Was erwartet uns im **März**, dem Monat des Frühlingsbeginns? Dass das Wetter gerade im März noch winterlich kalt sein kann, darauf weisen folgende Bauernregeln hin:

Wenn's donnert um Kunigund und Cyprian,
musst oft ziehen Handschuhe an.
(Gedenktage am 3. und 8. März)

Donner um Kunigund,
treibt's der Winter bunt.

Donner ist eine Begleiterscheinung von einem Gewitter, bei dem kalte und warme Luftmassen zusammenstoßen. Wind, der stets einen Wetterwechsel bringt, kommt auf. Und wieder ist Kälte angesagt! Man spricht in diesem Zusammenhang von Märzwinter oder Vormonsunwelle. Sie tritt ein, wenn sich über dem Festland die Luft schon stark erwärmt hat und beim Luftausgleich kühle Luft vom Nordatlantik angesogen wird. Wie kalt es im Märzwinter werden kann, belegen folgende Zahlen: Anfang März 2005 war es mit bis zu minus 25 Grad Celsius in Albstadt-Degerfeld (Baden-Württemberg) extrem kalt, 1986 maß man in Kiel minus 14 Grad Celsius. Doch es kann auch bereits warm werden um diese Zeit:

Kunigund
macht es warm von unt'.

Damit ist gemeint, dass der Bodenfrost allmählich nachlässt und die Erde auftaut, der „richtige“ Frühling beginnt. Ab dem 10. März gibt es mehrere Lostage, die auf das Ende des Winters und den ersehnten Frühlingsbeginn hinweisen.

Gregori zeigt dem Bauern an,
ob im Feld er sähen kann.
(St. Gregorius: 12. März)

Wenn Gregorius sich stellt,
muss der Bauer aufs Feld.

Weht an Gregorius der Wind,
noch 40 Tage windig sind.

Wind – das bedeutet in diesem Fall warme Frühlingsluft. Dass ab dem 10. März zehn Tage frühlingshaft warmes Wetter herrscht, ist sehr wahrscheinlich. Ähnlich hoffnungsvoll, was den Frühling angeht, sind die Bauernregeln für die kommenden Lostage, St. Gertrud am 17. März und für den Josephitag zwei Tage später (19. März).

Gertraud
den Garten baut.

**St. Gertrud führt die Kuh zum Kraut,
die Bienen zum Pflug
und die Pferde zum Zug.**

**St. Gertrud
die Erde öffnen tut.**

Gertrud taut's Eis auf.

**Ist St. Gertrud sonnig,
so wird's dem Gärtner wonnig.**

An Gertraud läuft die Maus raus.

**Sonniger Gertrudentag
Freud' dem Bauer bringen mag.**

**Die Gertrud mit dem frommen Sinn,
sie ist die erste Gärtnerin.**

**Gertraude nützt dem Gärtner fein,
wenn sie kommt mit Sonnenschein.**

Mitte März, das sagen die Bauernregeln, ist es Zeit, wieder mit der Landwirtschaft anzufangen – in milden Lagen können die Kühe wieder auf die Weiden getrieben werden.

Was für St. Gertrud gilt, gilt auch für St. Joseph und St. Otto – gemeint sind die Wetterlage und die Entwicklung des Wetters:

Ist's am Josephstag schön,
kann's nur so weitergehen.

Wenn's einmal um Josephi is,
so endet der Winter g'wiss.

Hat der Matthias endlich seine Hack' verloren,
wird der Joseph schon das Eis durchbohren.
(Matthias: 24. Februar)

Doch es gibt auch Ausnahmen, wie folgende Bauernregeln bestätigen:

Friert es an St. Gertrud,
der Winter noch zwei Wochen nicht ruht.

Friert's an Gertrud,
der Winter noch 40 Tage nicht ruht.

Sieht St. Gertrud Eis,
wird das ganze Jahr nicht heiß.

Benedikt Schnee, 14 Tage Schnee oder meh'.

(St. Benedikt: 21. März)

**Weht kalter Wind am Ottotag,
das Wild noch vier Wochen Eicheln mag.**

(St. Otto: 23. März)

Schlechtes Wetter hin oder her – im Frühling, wenn die Sonne länger scheint und es endlich wieder warm wird, erleben auch wir Menschen „Frühlingsgefühle". „Schuld" daran ist die Sonnenscheindauer: Wenn die Tage länger werden, stellen sich dank des Hormons Serotonin Glücksgefühle ein. Wer sich im Frühling schlapp fühlt, bei dem ist oft nur noch zu viel „Winterschlaf-Hormon" Melatonin aktiv. Was tun? Am besten raus, in die Natur, in den Garten, aufs Feld!

Bauernregel zum Schmunzeln

**Steigt der Saft in die Bäume,
erwachen Frühlingsträume.**

Wie wird der Sommer?

✦ Wer im Frühling aufmerksam auf das Wetter achtet, kann daraus ablesen, wie das Wetter im Sommer wird – dabei ist die Wahrscheinlichkeit, dass die Prognosen eintreffen, recht hoch.

Wie ist das Wetter rund um den 12. März, St. Gregorius? Ist es schön, dann ist der Frühling da. Und es kommt noch besser: Wenn um diesen Termin Warmluft einströmt, dann bleibt das Wetter meist dauerhaft schön – bis zum Juni! Dabei ist es nicht nur mild, sondern auch feucht, was für die Aussaat und das Keimen der Saat wichtig ist.
Entsprechendes gilt für die zweite Märzhälfte. Hier einige Bauernregeln dazu. Ein wichtiger Lostag ist der Tag des St. Benedikt, der am 21. März, am Tag des astronomischen Frühlingsanfangs, gefeiert wird.

Wohin das Wetter zu Benedikt neigt,
dorthin auch der Sommer zeigt.

Wie das Wetter sich zeigt nach Benedikt eine Woche lang,
so zeigt's sich auch den ganzen Sommer lang.

Bringt Benedikt warme Luft der Pflanzenwelt,
auch der Sommer dem Bauer mit Wärme gefällt.

Dauerhaft warmes Wetter Ende März – das bedeutet, dass es Zeit für die Aussaat ist:

Der Benedikt leitet deine Hand,
säest du mit ihm die Frucht ins Land.

Soll das Korn gar üppig stehen,
so soll man es an St. Benedikt säen.

Willst du Gerste, Erbsen, Zwiebeln dick,
so säe sie nach St. Benedikt.

St. Benedikt,
der macht die Möhren dick.

Nach Benedikt, da achte wohl,
dass man den Hafer säen soll.

Nach Benedikt, da achte wohl,
dass man jetzt alles säen soll.

Nach des Benedikten Tag,
man Erbsen und Zwiebeln legen mag.

Für Ende März gilt: Hochdruckwetter, verbunden mit Sonnenschein, ist ein gutes Omen. In sieben von zehn Fällen wird dann auch im Juli die Sonne kräftig vom Himmel scheinen. Umgekehrt verheißt ein trüber und regnerischer März viele Wolken und damit auch Regen im Juli.

Hat's nach der Mariennacht gefroren,
werden noch 40 Fröste geboren.
(Mariä Verkündigung: 25. März)

Ist an Ruprecht der Himmel rein,
so wird er's auch im Juli sein.
(St. Ruprecht: 27. März)

Wenn an Ruprecht die Sonne versteckt sich hält,
steh'n Wolken im Juli am Himmelszelt.

An Ruprecht gleißendes Sonnenlicht,
viel Badewetter im Juli verspricht.

Muss Ruprecht am Himmel Frau Sonne suchen,
wird im Juli der Bauer öfters mal fluchen.

Hält St. Ruprecht den Himmel rein,
so wird es auch im Juli sein.

Wie St. Berthold gesonnen,
so der Frühling wird kommen.
(St. Berthold: 29. März)

Ein weiterer Lostag ist St. Armatius, der am 8. April seinen Feiertag hat.

Wenn's viel regnet am Armatiustag,
ein dürrer Sommer kommen mag.

**Ist's um Amandus schön,
wird der Sommer keine Dürre seh'n.**

In den ersten Apriltagen kommt es häufig zu einem Kälteeinbruch mit Niederschlägen – meist in Form von Regen. Eigentlich ein gutes Zeichen: Mit rund 60 Prozent Wahrscheinlichkeit ist bei „schlechtem" Wetter um Armatius der Sommer trocken und warm. Dazu kommt als weiterer Lostag die **Walpurgisnacht** – es ist die Nacht vom 30. April auf den 1. Mai. Dazu heißt es in den Bauernregeln:

**Regen in der Walpurgisnacht
hat stets ein gutes Jahr gebracht.**

Um Walpurgis fährt der Saft in die Birken.

Was hat es damit auf sich? Auf einen warmen April folgen oft ein warmer Sommer und ein warmer Herbst. Damit wird folgende Regel bestätigt:

**Wie es im April und Maien wahr,
so schließt man aufs Wetter im ganzen Jahr.**

**Wie das Wetter zu Frühlingsanfang,
ist es den ganzen Sommer lang.**

Walpurgisnacht: ein Fest für den Frühling und die Fruchtbarkeit

✦ Die Walpurgisnacht ist ein uraltes Fest. Es stammt aus der Zeit der Germanen, die die Ankunft des Frühlings mit Freudenfeuern in der Nacht feierten. Der Sage nach vertreiben in dieser Nacht die germanischen Götter Wotan und Freya die Winterdämonen und zeugen den Frühling. Hexen reiten auf Besen und es wird wild gefeiert. Dabei stehen die Fruchtbarkeit und die Lebensfreude im Mittelpunkt – nicht umsonst nennt man den Mai auch „Wonnemonat“! Nur am Rand hat die heilige Walpurga, die am 1. Mai heiliggesprochen wurde, etwas mit diesem Fest zu tun: Walpurgisnacht wird in ganz Europa gefeiert. Zentrum der Hexenfeiern im deutschsprachigen Raum ist der Brocken, auch Blocksberg genannt, der höchste Berg des Harzes.

In vielen Orten Bayerns und Österreichs sind in der Nacht vom 30. April auf den 1. Mai Streiche angesagt: In der sogenannten Freinacht werden Hausbänke versteckt, Fensterläden ausgehängt; bei heimlich Verliebten streut man Sägemehl vom Haus des einen zum Haus des anderen und verrät damit die Liebesbeziehung. Die Streiche gehen auf die Tradition zurück, Dämonen abzuwehren.

Gerade im Frühjahr lohnt es sich ganz besonders, die Natur näher unter die Lupe zu nehmen. Der Frühling ist die Zeit der Blüte und des Blattaustriebs. Darauf beziehen sich folgende Bauernregeln:

Grünt die Eiche vor der Esche,
hält der Sommer große Wäsche.

Grünt die Esche vor der Eiche,
gibt's im Sommer große Bleiche.

Was steckt dahinter? Die Lösung des Rätsels liefern die Wurzelsysteme der beiden Baumarten. Eichen wurzeln tief, die Bäume erreichen mit ihren Wurzeln das Grundwasser. Aus diesem Grund treiben Eichen eigentlich bei jeder Witterung im Frühjahr aus – es muss dazu nicht besonders feucht sein und regnen. Anders die Esche, die einen feuchten Untergrund braucht. Ihre Wurzeln verlaufen viel flacher im Boden als die der Esche. Stichwort „feuchter Untergrund“: Eschen brauchen für den Austrieb im Frühjahr feuchtes, regenreiches Wetter. Wenn nun die Eiche vor der Esche austreibt, dann ist das Frühjahr trocken – ein Vorbote für einen regenreichen Sommer.

Wie wird der Herbst?

✦ Was für den St. Urbanstag, der am 25. Mai gefeiert wird, gilt, kann man auf das Wetter im September und Oktober übertragen – gutes Wetter in dieser Zeit bedeutet überdurchschnittlich oft gutes Wetter im Herbst, zur Erntezeit.

Wie's Wetter am St. Urbanstag,
so der Herbst wohl werden mag.
(St. Urban: 25. Mai)

Wie Urbanus das Wetter hat,
so findet's in der Lese statt.

Das Wetter um den St. Urban
zeigt auch des Herbstes Wetter an.

Scheint am Urbanstag die Sonne,
so gerät der Wein zur Wonne.
Regnet's aber, nimmt er Schaden
und wird selten wohl geraten.

Generell gilt für das Frühlings- und Herbstwetter:

Zeigt häufig kühl im April und Mai sich die Zeit,
hält sie auch von Juni bis November viel Kühle bereit.

Doch wenn April und Mai sich zu warm gestalten,
wird auch von Juni bis November viel Wärme walten.

Wenn der Frühling Wärme bringt,
bis weit in den Herbst die Grille singt.

St. Urban – Heiliger der Winzer

✦ Für die Winzer ist der St. Urbanstag ein ganz besonderer Tag, St. Urban ist ihr Patron. Als Wetterheiliger soll er gegen Frost, Hagel, Blitz und alle Unwetter v. a. die Reben und die Weinberge schützen. Im alten Heiligenkalender begann der Sommer mit St. Urban am 25. Mai. Zu diesem Zeitpunkt musste die Frühjahrsarbeit in den Weinbergen abgeschlossen sein, die Vegetationszeit beginnt.

Wie sehr St. Urban verehrt wurde und wird, sieht man noch heute in vielen Weinorten: Bildstöcke in den Dörfern und Städten und besonders in den Weinbergen geben darüber Auskunft. Noch heute finden feierliche Prozessionen zu diesen Bildstöcken statt.

Wie wird die Ernte?

✦ Im Winter wünschen sich Bauern schneereiches, kaltes Wetter. Und im Frühling? In dieser Zeit kommt es auf die richtige Mischung zur richtigen Zeit an. Im März, dem ersten Frühlingsmonat, ist trockenes, regenarmes Wetter wichtig für eine gute Ernte.

Gibt's im Märzen sehr viel Regen,
bringt die Ernte wenig Segen.

Ein feuchter März
ist des Bauern Schmerz.

Regen im März bedeutet nichts Gutes für die Ernte. Der Grund: Wenn im Frühjahr der Schnee schmilzt, sind die Böden ohnehin feucht. Kommt dann noch Regen dazu, „schwimmen" die Äcker. Dann ist es für die Bauern kaum möglich, die Felder zu bestellen.
Umgekehrt gilt:

Lässt der März sich trocken an,
bringt er Korn für jedermann.

**Dem Golde gleich ist Märzenstaub,
er bringt uns Korn und Gras und Laub.**

Märzenstaub bringt Gras und Laub.

**Wenn trocken sich das Frühjahr zeigt,
das Feld zu reicher Ernte neigt.**

Ist der März verhältnismäßig trocken, kann der Bauer seine Saat ohne Probleme ausbringen. Die Samen keimen bzw. treiben aus, wie bei den Kartoffeln; das ermöglicht die Feuchte, die im Boden steckt. Ist es mäßig feucht, dann bilden die jungen Pflanzen von Anfang an kräftige und tief in die Erde reichende Wurzeln aus. Das ist auch gut so: Im Spätfrühling und im Sommer kann es sehr heiß werden – dann müssen die Pflanzen das Rüstzeug haben, um auch Trockenheit zu überstehen. Mit tiefen Wurzeln können sie die Feuchtigkeit, die tiefer im Boden steckt, nutzen. Wenn es jedoch recht feucht ist, bilden die Pflanzen weniger Wurzeln aus – dann ist die Gefahr, dass sie in der Hitze vertrocknen, groß – und eine schlechte Ernte droht.

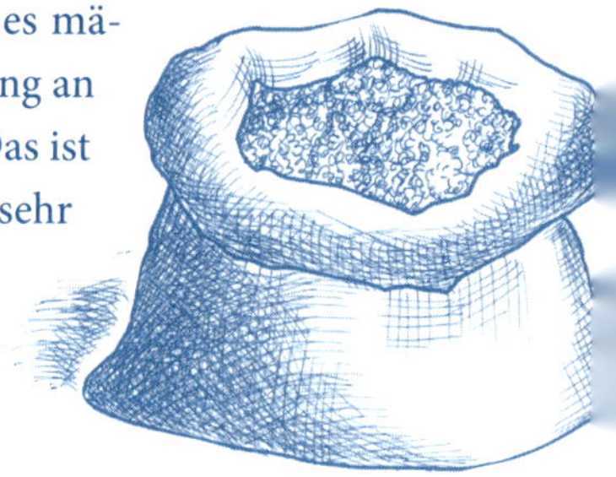

Davon berichten auch die entsprechenden Lostage für den März:

**Regnet's stark an Albinus,
macht's dem Bauern viel Verdruss.**
(St. Albin: 1. März)

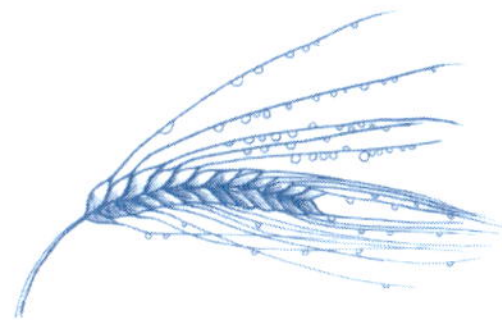

St. Albin im Regen,
kein Erntesegen.

Wenn's an St. Albin regnet,
gibt es weder Heu noch Stroh.

War Kunigunde tränenschwer,
so bleibt oft die Scheuer leer.
(St. Kunigunde: 3. März)

Lukretia feucht,
Kornsäcke leicht.
(St. Lukretia: 15. März)

Ist Mariä schön und hell,
kommt viel Obst auf alle Fäll'.
(Mariä Verkündigung: 25. März)

Ist es um Ludger draußen feucht,
bleiben auch die Kornböden leicht.
(St. Ludger: 26. März)

Osterregen bringt magere Kost.

Bauernregeln zum Schmunzeln

**Ist der März nass,
füllt er dem Bauern das Regenfass.**

**Auf März folgt stets April,
das ist Kalenderwill.**

**Ist der April auch manchmal gut,
er schneit dem Bauern auf den Hut.**

Warum ist der April so wechselhaft?

✦ „April, April, der macht, was er will" lautet ein geflügeltes Wort. Wie wahr! Das bestätigen auch folgende Bauernregeln:

**Der April ist ein launischer G'sell,
bald ist er trüb, bald ist er hell.**

**Aprilwetter und Kartenglück
wechseln jeden Augenblick.**

Im April sind die Temperaturschwankungen besonders heftig, das gilt auch für die Niederschlagsmenge. Der Grund: Im Süden ist die Luft schon sommerlich warm,

während im Norden noch Winter herrscht. Mitteleuropa liegt genau in der Mitte. Die kalte Nordluft strömt Richtung Äquator, die warme Luft aus dem Süden fließt nach Norden. Dazu kommt, dass es über dem Boden schon recht warm werden kann, in den höheren Luftschichten ist es noch sehr kalt. Diese Extreme führen dazu, dass es im April bereits sehr warm und trocken werden kann – aber auch kühl und feucht.

Bauernregeln zum Schmunzeln

**Der April treibt sein Spiel, treibt er's toll,
wird die Tenne recht voll.**

**Im ganzen April kann's wettern,
wie's will.**

**Wer im April will Kirschen pflücken,
der ist nicht schwer dorthin zu schicken.**

Beim Zusammentreffen der kalten und warmen Luftmassen kann es im April zu Gewittern mit Hagel kommen.

**April, dein Segen
heißt Sonne und Regen,
nur den Hagel,
den häng an den Nagel.**

Anders als der März sollte der April mild und feucht sein, jedoch nicht zu warm. Ansonsten droht die Saat zu vertrocknen. Ist es sehr warm, dann wachsen die Pflanzen sehr rasch. Doch das ist nicht nur gut – bis in den Mai bedrohen Nachtfröste die Pflanzen.

Trockenes Wetter im April,
schläft die Saat im Boden still.

April, windig und trocken,
macht alle Wachstum stocken.

April, nass und kalt,
wächst das Korn wie ein Wald.

Wenn der April Spektakel macht,
gibt's Heu und Korn in voller Pracht.

Donner im April
viel Gutes künden will.

April warm und nass,
tanzt die Magd ums Butterfass.

Es gerät das Wachstum ins Stocken,
ist's im April windig und trocken.

Bauernregeln zum Schmunzeln

Mag der Wind blasen wie er will,
Ostern kommt vor Ende April.

Gewitter Anfang Mai,
dann ist der April vorbei.

Wechselhaft-mildes und feuchtes Wetter steht nicht nur im April auf der Wunschliste der Bauern. Auch im „Wonnemonat“ Mai ist Regen sehr willkommen.

Nass zuvor und auch im Mai,
füllt die Speicher und macht viel Heu.

Toben Regen und Wind zur Maienzeit toll,
werden im Herbst die Korntruhen voll.

Ist der Mai kühl und nass,
füllt's dem Bauer Scheu'n und Fass.

Mai ohne Regen,
fehlt's allerwegen.
Gewitter im Mai,
schreit der Bauer juchei.

Regen im Mai bringt Wohlstand und Heu.
Das Jahr fruchtbar sei, wenn's viel donnert im Mai.

Regen im Mai
bringt fürs ganze Jahr Brot und Heu.

Mairegen auf die Saaten,
dann regnet es Dukaten.

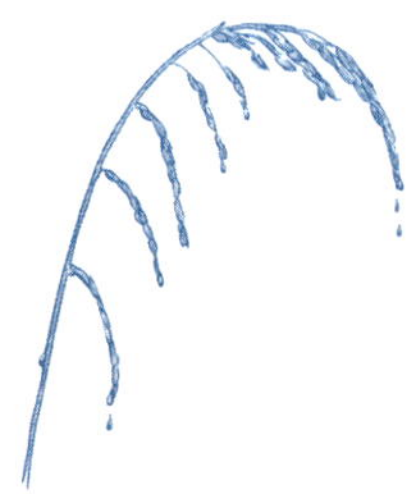

Gewitter im Mai
bringen Früchte herbei.

Ist der Mai recht heiß und trocken,
kriegt der Bauer kleine Brocken,
ist er aber feucht und kühl,
gibt es Frucht und Futter viel.

Warum sind Regen und Feuchtigkeit im Mai entscheidend für eine gute Ernte?

✦ Das Getreide ist mitten in der Wachstumsphase. Der Winterweizen wächst zunächst in die Länge und bildet die Blütenstände, aus denen sich später das Korn entwickelt, aus. Ist es trocken, kümmern die Pflanzen vor sich hin, sie bleiben klein und bilden wenig Blüten und später auch wenig Korn.

Ist es jedoch ausreichend feucht und warm, dann steht einer guten Getreideernte kaum mehr etwas im Weg. Denn die gefürchteten Eisheiligen, die Mitte des Monats sind, können dem Getreide nichts anhaben.

**Maientau
macht grüne Au,
Maienfröste –
unnütze Gäste.**

Die Eisheiligen drohen

✦ Als „Eisheilige“ bezeichnet man Kälteeinbrüche um die Monatsmitte. Wie kann es passieren, dass noch Mitte Mai Frostgefahr droht? Dass es zu den gefürchteten Nachtfrösten kommt, setzt eine bestimmte Wetterlage voraus. Und die sieht so aus: Über dem Ostatlantik bzw. den britischen Inseln herrscht Hochdruck, über dem Baltikum bzw. der Ostsee befindet sich ein Tiefdruckgebiet. Das Druckgefälle zwischen diesen Wetterlagen saugt kalte Luft aus dem Norden an, die bis zum Mittelmeer strömt – die Eisheiligen kommen! Die einströmende Luft ist mitunter so kalt, dass sie die Temperatur nachts unter den Gefrierpunkt drückt – dann herrscht Nachtfrostgefahr. Besonders heftig fallen die Fröste aus, wenn es windstill und wolkenlos ist; die Wolkenschicht, die etwas von der Kälte abfangen könnte, fehlt.

Früher, d. h. bis vor rund 100 Jahren, konnte man mit einer 70-prozentigen Wahrscheinlichkeit davon ausgehen, dass die Nächte an den sogenannten Eisheiligen bitterkalt wurden. Da die kalten Winde aus dem Norden kommen, sind die Eisheiligen erst in Norddeutschland zur Stelle, und zwar vom 11. bis 13. Mai, einen Tag später sind sie dann im Süden, d. h. vom 12. bis 15. Mai.

Zu den Eisheiligen gehören Mamertus am 11. Mai, Pankratius am 12. Mai, Servatius am 13. Mai, Bonifatius am 14. Mai und zuletzt Sophie am 15. Mai.

Pankrazi, Bonifazi, Servazi
sind drei frostige Lumpazi.
Und zum Schluss fehlt nie
die kalte Sophie.

Mamertus, Pankratius
und hinterher Servatius,
sind gar gestrenge Herrn,
die ärgern die Bauern und auch die Winzer gern.

Mamertus, Pankratius, Servatius,
die bringen oft Kälte und Verdruss,
doch auch der Bonifazi,
das ist erst ein Lumpazi.

Pankratius, Servatius, Bonifatius,
der Winzer sie beachten muss:
Geh'n sie vorüber ohne Regen,
bringt's dem Weine großen Segen.

Gehen die Eisheiligen ohne Frost vorbei,
schreien die Bauern und Winzer juchhei.

**Wer sein Schaf schert vor Servaz,
dem ist die Wolle lieber als das Schaf.**

**Erst Mitte Mai
ist der Winter vorbei.**

Gut zu wissen: In den letzten Jahrzehnten hat man festgestellt, dass die nächtlichen Temperaturstürze, die man mit den Eisheiligen in Verbindung bringt, immer wieder ausfallen oder erst um den 20. Mai herum eintreten. Woran liegt das? Möglicherweise ist die Klimaerwärmung eine der Ursachen. Es kann auch mit der Kalenderreform durch Papst Gregor VIII. zusammenhängen.
Wie wahrscheinlich ist es, dass die Eisheiligen auch heute noch kommen? Die Wahrscheinlichkeit für ganz Deutschland liegt bei 30 Prozent. Doch dabei muss man unterscheiden: In ungünstigen Lagen, z. B. an höher gelegenen Orten, ist die Wahrscheinlichkeit höher – hier kann es sogar noch einmal schneien!

Was macht die Eisheiligen-Fröste so gefährlich?

Frost kann bei allen Obstbaumarten große Schäden anrichten. Die weiblichen Blütenteile, Fruchtknoten mit Griffel und Narbe, sind frostempfindlich. Schon bei wenigen Grad unter null droht die Ernte großen Schaden zu nehmen. Wie groß der Schaden ist, hängt sehr vom Wetter Anfang Mai ab: War es bereits warm und feucht, dann ist die Vegetation schon recht weit fortgeschritten. Kommt dann, Mitte Mai, noch einmal Frost, sind die Einbußen besonders groß.

**Pankraz und Servaz sind zwei Brüder,
was der Frühling gemacht, zerstören sie wieder.**

**Wenn Pankratius und Servatius nach Reif und Frösten streben,
wird es im Herbst nur wenige Äpfel geben.**

**Wenn sich Mamertus mit Nachtfrost schmückt,
die Apfelernte nicht beglückt.**

Doch auch Gemüse und Salat und viele nicht heimische Garten- und Balkonblumen wie z. B. Pelargonien, Löwenmaul, Amerikanisches Gänseblümchen, Petunien sowie Kräuter, z. B. Lavendel, Oregano, Kapuzinerkresse, sind gefährdet – sie sind nicht winterhart.

Wie die Ernte schützen?

Früher schützte man die Pflanzen mit Feuer. Die Wärme des Feuers und des Rauches sollte verhindern, dass die Kaltluft den Pflanzen schaden konnte. Und heute? Erst einmal ist es sinnvoll, immer wieder die Wettervorhersage zu beachten. Droht Frost, dann heißt es handeln. Bäume kann man, sofern man kleine Exemplare hat, mit großen Tüchern, also z. B. Bettlaken, die man über die Baumkronen wirft, schützen. Oft hilft es auch, wenn man am späten Nachmittag vor einer Frostnacht die Blüten mit einer Baldrianlösung besprüht. Dadurch werden die Blüten abgehärtet. Hierzu einfach einen Tropfen Baldrianöl in einem Liter Regenwasser verrühren.
Die Eisheiligen können nicht nur den Obstblüten schaden. Auch für empfindliche Gemüsesorten sind sie gefährlich. Hier heißt es, rechtzeitig Folien über die Beete spannen und zusätzlich eine isolierende Schicht aus Säcken oder alten Decken darüberlegen. Kleinen Pflanzen kann man mit leeren umgestülpten Gläsern eine Art Mini-Gewächshaus schaffen, das vor der Kälte schützt.
Wer ganz sichergehen will, zieht sein Gemüse, die Kräuter und seine Blumen an einem geschützten Ort im Haus vor und pflanzt sie erst nach den Eisheiligen, besser noch Anfang Juni ins Freiland.

Doch nicht nur Obst-, Gemüse- und Blumengärtner müssen zittern, wenn die Eisheiligen drohen. Nicht weniger gefährdet sind die Weinkulturen:

Lässt Sophie am Morgen die Pfützen gefrieren,
kann der Winzer mitunter den Wein verlieren.

Bringt Sophie den Frost ins Tal,
bereitet sie dem Rebstock große Qual.

Wenn Weinstöcke in dieser Jahreszeit Frost erleiden, dann sind die jungen Triebe und die ersten Blätter in Gefahr. Das Wasser darin gefriert und dehnt sich aus. Dabei platzen die Zellwände. Die Folge: Die Triebe sterben ab. Und nicht nur sie: Sobald der Rebstock auszutreiben beginnt, fließt Saft, d. h. Wasser. Je größer der Wassergehalt, desto größer sind die Schäden am Rebstock. Besonders gefährdet sind die Rebstöcke in Mulden und Vertiefungen, wo sich die kalte Luft ansammelt.
Kann es nach den Eisheiligen noch einmal richtig kalt werden? Leider ja. Die „echten“ Eisheiligen treten nicht mehr so zuverlässig ein wie früher, auch der Termin, wann es zu einem Kälteeinbruch kommt, schwankt. In diesem Zusammenhang fällt auf, dass es am 25. und am 26. Mai noch einmal richtig kalt werden kann – es sind die „kleinen Eisheiligen“. Auch an diesen beiden Tagen besteht Nachtfrostgefahr!

Bauernregeln zum Schmunzeln

Donnert's im Mai,
ist der April vorbei.

So der Storch dir im Maien ein Kind beschert,
die Familie wird um ein Haupt vermehrt.

Bauernregeln
im Sommer

Von Juni bis August

Nach den Bauernregeln umfasst der Sommer die Monate Juni, Juli und August. Im Sommer geht die Feldarbeit des Frühlings ohne Unterbrechung weiter: Dabei steht im Juni die erste Ernte an. Das Gras ist schon so hoch gewachsen, dass man es mähen und zu Heu trocknen kann.
Bei den Gemüse- und Obstgärtnern fängt die Beeren- und Salaternte an, bei den Kartoffeln muss das Unkraut gejätet werden.
Im Juli warten Karotten und Rote Bete, Mangold, Erbsen und Kohl auf die Ernte, beim Obst sind Kirschen, die ersten Äpfel und Stachelbeeren reif.
Der August ist der Monat der Getreideernte. Zu Monatsbeginn werden Weizen, Gerste und Hafer geschnitten, auch im Bauerngarten geht die Gemüse- und Obsternte weiter: Frühe Kartoffeln, Lauch, Zwiebeln, Erbsen und Bohnen sind reif. Dazu kommen Birnen, Zwetschgen und Äpfel.

Milchbauern trieben – und das machen sie heute noch – ihre Kühe Mitte Juni auf die Sommerweiden in höhere Lagen. Dort oben auf der Alm wurden sie rund 100 Tage von einem Senner oder einer Sennerin versorgt. Almen gab und gibt es nicht nur in den Alpen, sondern auch in den Mittelgebirgen. Der Vorteil: Die Tiere werden widerstandsfähig gegenüber Krankheiten. Noch wichtiger: Wenn die Tiere auf der Alm waren, konnte unten auf den Wiesen das Gras heranwachsen. Später wurde es geschnitten und getrocknet – Heuernte! Heu war lebenswichtig, denn ohne Heu hätten die Kühe kein Winterfutter gehabt!

Auf vielen Almen wurde nicht nur Milch produziert, sondern diese auch gleich vor Ort zu Quark und Käse verarbeitet. Das war notwendig, da man früher keine Möglichkeit hatte, die Milch täglich von der Alm ins Dorf zu bringen. Man musste die Milch von der Alm haltbar machen – eben, indem man Käse daraus machte.
Im Sommer gab es in der Landwirtschaft schon immer sehr viel zu tun – wenn das Wetter, wie erhofft, mitspielt!

Bauernregel zum Schmunzeln

**Ihr lieben Brautleute habet acht,
die ihr im Junius Hochzeit macht,
ihr braucht die Wiege im Märzen,
das kommt vom Lieben und Scherzen.**

Wie wird der Sommer?

✦ Ob der Sommer verregnet und kühl oder sonnig und warm wird, hängt sehr von der Großwetterlage im Juni ab, genauer gesagt, Ende Juni – die Zeit um Siebenschläfer herum. Dazwischen liegt die Schafskälte, die Mitte Juni eintreten kann.
Nass und kalt oder sonnig und warm? Für die Bauern, die Heu einfahren wollen, ist das eine wichtige Frage! Das gilt auch für die Getreidebauern – auch sie brauchen trockenes, warmes Wetter, v. a. bereits im Juni. Heu ist das traditionelle Winterfutter für Pferde und Kühe. Bei der Heuernte werden die Wiesen bei warmem, trockenem Wetter gemäht, das Gras bleibt einige Tage auf den Wiesen, um zu trocknen. Dabei wird es mehrfach gewendet. Wer also Heu ernten will, braucht eine Schönwetterperiode! Wie hoch ist die Wahrscheinlichkeit, dass die erste Heuernte des Jahres Anfang Juni gut gelingt? Das hängt sehr davon ab, wie das Wetter um den Medardustag am 8. Juni ist – schließlich ist Medardus ein Lostag mit einer hohen Trefferwahrscheinlichkeit.

Ein schlechtes Omen: Regen an Medardus

Medardus ist der Schutzpatron der Bauern, Winzer und Bierbrauer. Das hat gute Gründe. Medardus, der im 6. Jahrhundert in Frankreich als Priester lebte, soll Bauern bei der Ernte geholfen haben. Ferner sagt die Legende, dass er einmal, als er über ein Feld ging, von einem Gewitter überrascht wurde. Um ihn zu schützen, kam ein Adler geflogen und breitete seine Schwingen über ihm aus.

Regen am Medardustag,
verdirbt den ganzen Heuertrag.

Regnet's am Medarditag,
so regnet's 40 Tag danach.

Ist's an Medardus feucht und nass,
regnet's weiter ohne Unterlass.

Wie jetzt der Medardus wettert,
solch Wetter 30 Tage zittert.

Wenn es um den 8. Juni regnet, dann ist das ein schlechtes Omen für den Rest des Monats: Mit einer Wahrscheinlichkeit von 70 Prozent wird es die kommenden Wochen regnen!
Hitze, Gewitter und Regen – das ist der Wettermix, den man sich für einen Traumsommer wünscht. Doch jeder weiß: Es gibt auch kalte und verregnete Sommer.

Mitte Juni kommt die Schafskälte

✦ Stichwort Kälte: Mit den Eisheiligen ist die Gefahr, dass es noch einmal richtig kühl wird, nicht vorbei! Nur wenige Tage nach Medardus, d. h. ab dem 10. Juni, ist es so weit – die Schafskälte kommt, und zwar sehr sicher. Nur in zwei von zehn

Sommern ist es Mitte Juni in Mitteleuropa warm. Dass es regnet, ist nicht ganz so wahrscheinlich wie dass es kalt wird – die Wahrscheinlichkeit liegt bei 55 Prozent.

Wie bei den Eisheiligen ist eine bestimmte Großwetterlage die Ursache für den späten Kälteeinbruch. Die Ursache ist warmes Wetter über ganz Europa. Wenn es Ende Mai bereits sehr warm ist, erwärmt sich die Luft über dem Erdboden rasch und stark. Anders ist es bei der Luft über dem Meer. Während der Luftdruck über Europa sinkt, herrscht über dem kalten Nordatlantik Hochdruck. In der Folge fließt dann feuchte, kalte Atlantikluft nach Europa – die Schafskälte ist da! Es kann sogar in manchen Gegenden noch zu leichten Frösten kommen.

Reif in der Juninacht
dem Bauern viel Sorgen macht.

Schon gewusst? Die Schafskälte ist seit einigen Jahren auch unter dem Begriff „Monsunwelle“ bekannt.
Auf die Schafskälte weisen auch folgende Bauernregeln hin:

Hat Margarete keinen Sonnenschein,
kommt das Heu nie trocken rein.
(St. Margarete: 10. Juni)

Regnet's am Margaretentag,
dauert der Regen 14 Tag'.

Woher kommt der Begriff „Schafskälte“? Anfang Juni werden die Schafe geschoren. Mit kurzen Stoppeln, fast nackt, macht ihnen der Kälteeinbruch am meisten zu schaffen! Früher ist es immer wieder passiert, dass nicht nur einzelne Tiere, sondern ganze Herden der Schafskälte zum Opfer gefallen sind.

Wetter an Siebenschläfer – entscheidend für die kommenden Wochen

✦ Wie der „Rest“ des Sommers wird, verrät die Witterung um den 27. Juni, den Siebenschläfertag. Dabei gilt: Egal, wie das Wetter um diesen Zeitraum herum ist, ob regnerisch oder sonnig – die Wahrscheinlichkeit, dass es in den kommenden Wochen so bleibt, ist hoch. Denn die Wetterlage ist um diese Zeit recht stabil.
Doch Vorsicht: Neuere Untersuchungen haben gezeigt, dass der traditionelle Siebenschläfertermin aufgrund der Kalenderreform im 16. Jahrhundert nicht korrekt ist. Wer sichergehen will, sollte das Wetter vom 5. bis 10. Juli im Auge haben.

Woher kommt die Beständigkeit des Wetters um den Siebenschläfertag? Auch hier ist die Großwetterlage entscheidend für das Wettergeschehen. Damit es zu dem bekannten „Siebenschläfer-Wetterphänomen“ kommt, müssen in Europa bestimmte Tief- und Hochdruckverhältnisse herrschen: Über Island und den Azoren befindet sich ein Hoch, dazwischen, d. h. über den Britischen Inseln und weiter westlich im Atlantik, ein Tiefdruckgebiet. Auf dem Festland, d. h. über Skandinavien und dem Balkan sind die Luftdruckverhältnisse ebenfalls unterschiedlich – über Skandinavien liegt ein Hoch, über dem Balkan, ein Tief. Welche Wetterlage ist bestimmend?
Wenn sich das „Westwetter“ über den Britischen Inseln und dem Atlantik durchsetzt, dann wirbelt es feuchte Meeresluft nach Mitteleuropa – es wird überdurchschnittlich viel regnen; in Norddeutschland, wohin kalte polare Luft strömt, kann es noch dazu recht kühl werden.

Wenn jedoch das Hochdruckgebiet über dem Kontinent die Oberhand gewinnt, dann heißt es die Sonnenschirme bereithalten: Es ist mit beständigem, trockenem und sehr warmem bis heißem Wetter zu rechnen.
So gesehen, lagen die Bauern mit ihren Beobachtungen durchaus richtig:

Wie's die Siebenbrüder treiben,
soll es sieben Wochen bleiben.

Wenn die Siebenschläfer Regen kochen,
so regnet's vier ganze Wochen.

Regnet es am Siebenschläfertag,
der Regen sieben Wochen nicht weichen mag.

Ist der Siebenschläfer nass,
regnet's ohne Unterlass.

Siebenschläfer Regen – sieben Wochen Regen.

Ist Siebenschläfer ein Regentag,
regnet's noch sieben Wochen nach.

Das Wetter am Siebenschläfertag
sieben Wochen so bleiben mag.

Entsprechend gelten auch diese Regeln:

Regnet's am Johannistag,
so regnet es noch 14 Tag.

Regnet's an St.-Peters-Tag,
drohen 30 Regentag.
(St. Peter: 29. Juni)

Wie ist das Wetter an Siebenschläfer? Wenn die Sonne scheint, besteht Grund zur Freude auf einen langen, sonnenscheinreichen Sommer. In über 50 Prozent der Fälle bleibt es die kommenden sieben Wochen schön!
Doch Vorsicht: Diese Regel gilt nicht für die Küstenlandschaften Deutschlands – hier gibt es andere Klimafaktoren, die für diesen Zeitraum wetterbestimmend sind. Ganz anders in Süddeutschland, genauer gesagt im Alpenvorland: Dort liegt die Wahrscheinlichkeit, dass die Bauernregeln zutreffen, bei 70 Prozent!

Woher kommt der Begriff „Siebenschläfertag"?

Mit dem Nagetier hat er nichts zu tun! Der 27. Juni ist der Gedenktag der sieben Schläfer, von denen eine alte Legende berichtet. Nach dieser Legende hatten sich diese während der Christenverfolgung unter Kaiser Decius (249–251) in einer Höhle versteckt. Sie wurden gefunden und zur Strafe mauerte man sie ein. Doch sie starben nicht – so die Legende. Als sie nach 195 Jahren entdeckt wurden, wachten sie kurz auf, bezeugten vor dem neuen Kaiser ihren Glauben und starben dann.

Das Nagetier, das den Namen Siebenschläfer trägt, steht weder mit dem Wetter noch mit der Heiligenlegende in Zusammenhang. Es gibt Hinweise darauf, dass die Zahl sieben von der Zahl der Winterschlafmonate abgeleitet ist. Doch auch das ist rein rechnerisch nicht korrekt: Der Siebenschläfer schläft von Anfang September bis Anfang Mai – also ganze neun Monate lang!

Siebenbrüder und Siebenschläfer – zwei Lostage, eine Regel?

Neben Siebenschläfer gibt es als Lostag „Siebenbrüder“. Siebenbrüder ist am 10. Juli. Was hat es damit auf sich? Man kann davon ausgehen, dass beide Lostage, Siebenschläfer und Siebenbrüder, sich auf dieselbe Wettersingularität beziehen: Wettersingularitäten sind Witterungsregelfälle. Mit den Begriffen Witterungsregelfall oder Wettersingularität bezeichnet man eine Wetterlage, die gehäuft in einer bestimmten Zeit im Jahr auftritt. Dem Regen um Siebenbrüder bzw. Siebenschläfer, folgt eine Regenperiode, ist das Wetter sonnig und trocken, bleibt es überdurchschnittlich trocken. In München, so hat man herausgefunden, hat die Regel eine Gültigkeit von 80 Prozent – dagegen kann man sie auf Hamburg, das an der Küste liegt, nicht anwenden.

Die Siebenbrüder das Wetter machen,
ob sie nun weinen oder lachen.

Das Wetter vom Siebenbrüdertag
sich bis zum August nicht wenden mag.

Warum gilt für beide Lostage dieselbe Wetterregel? Die Erklärung liefert die Kalenderreform im 16. Jahrhundert, bei der im Jahr 1582 zehn Tage „übersprungen“ wurden. Die Wetterphänomene, die man bestimmten Heiligengedenktagen zugeordnet hatte, verschoben sich jedoch nicht. So kommt es, dass die „Siebenschläferregel“, die

Miesbacher Tracht –
eine der bekanntesten Trachten

Friesische Tracht

Alte Eiche

Handbemalter Bauernschrank

Butterfass und verschiedene Küchenutensilien

Simmertaler Fleckvieh

Alter Heuwender

Flechtinger Leistungspflügen

Alte Bauerntruhe

Kranzkuh beim Almabtrieb

Bäuerliche Motive am Maibaum

Viehscheid (Almabtrieb)

Bauernküche mit Originaleinrichtung

Altes Bauernhaus (Fachwerk)

Mädchen im Dirndl mit Kräuterbuschen zu Mariä Himmelfahrt

Verschiedene Kuhglocken

Museum für nostalgisches Landleben in Straden

Bauerngarten

Typisches fränkisches Backhäuschen

Bauernhaus im Schwarzwald

Stolzer Hahn

Leonhardiritt in Hundham im Letzachtal

Lüftlmalerei an einer Hausfassade in Garmisch-Partenkirchen

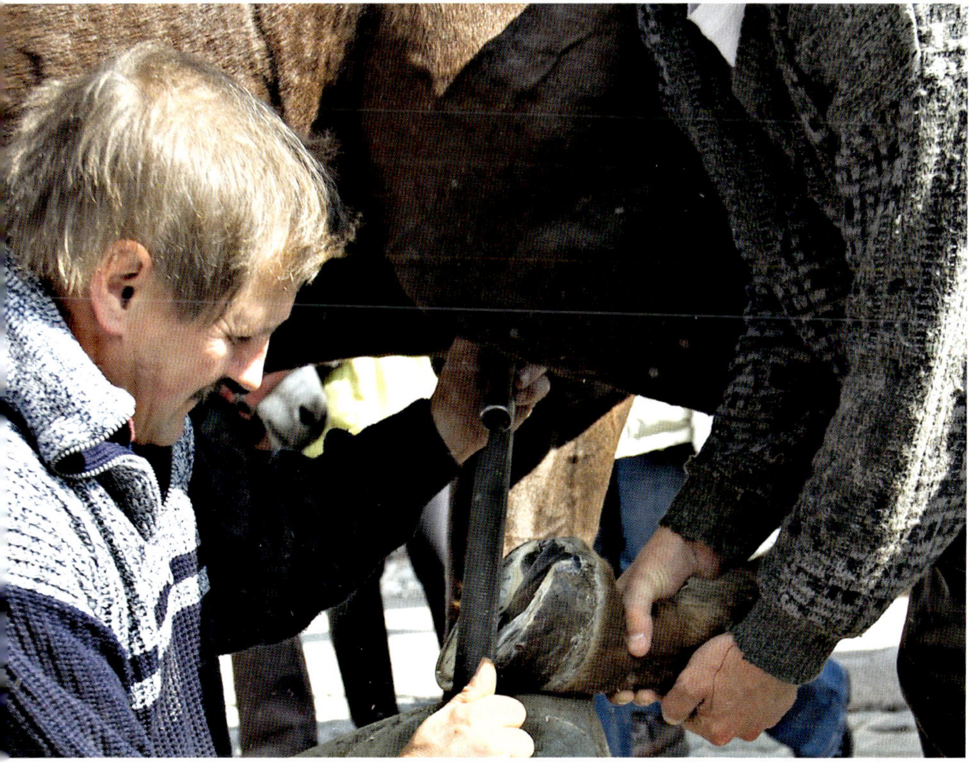

Hufschmied bei der Arbeit

Reetgedecktes Bauernhaus in der Lüneburger Heide

Altes Mühlrad

Blick in eine alte Bauernstube im Museum Glentleiten

Schafherde auf der Weide

Diverse typisch bäuerliche Utensilien

Holzschmuck an einem Bauernhaus

nach unserem Kalender auf den 27. Juni datiert ist, sich eigentlich auf Wetterphänomene bezieht, die zehn Tage später stattfinden, also um den 5. bis 10. Juli. Genau in diese Zeitspanne fällt „Siebenbrüder“ am 10. Juli!

Bauernregeln zum Schmunzeln

**Schmerzt dir im Juli mal das Bein,
dann wird's das rechte oder linke sein.**

**Juli trocken und heiß,
klebt dem Bauern die Hose am Steiß.**

Auf einen sonnigen Juli folgt in drei Viertel der Fälle ein sonniger August. Damit bewahrheitet sich auch folgende Bauernregel:

**Wie's Wetter an St. Margaret,
dasselbe noch vier Wochen steht.**
(St. Margarethe: 13. Juli)

Hundstage – der Sommer wird heiß!

✦ Hundstage, das klingt ein wenig wie „auf den Hund gekommen“. Doch das ist die falsche Fährte … Als Hundstage bezeichnet man die Zeit vom 23. Juli bis 23. August. Es ist die Zeit, in der in Mitteleuropa Rekordtemperaturen bis 40 Grad Celsius gemessen werden!

Woher kommt der Begriff „Hundstage“? Nicht etwa davon, dass die Hunde in der Hitze besonders leiden, obwohl auch das zutrifft. Der Begriff hängt mit dem Sternbild des „Großen Hundes“ zusammen. Die Hundstage gehen auf das alte Ägypten im 2. Jahrtausend v. Chr. zurück. Den Beginn der Hundstage markiert die Rückkehr des Fixsterns Sirius, Hauptstern im Sternbild „Großer Hund“, am Morgenhimmel. Bis das Sternbild „Großer Hund“ in vollem Umfang am Himmel sichtbar wird, vergeht rund ein Monat – die Zeit der Hundstage.
Wie kommt es zu dem anhaltend schönen und warmen Wetter von Ende Juli bis Ende August? Wie bei allen Wettersingularitäten bzw. Witterungsregelfällen ist auch hier die Großwetterlage entscheidend. Und sie sieht, soll es ein „richtiger“ Sommer werden, so aus:

Über Island und dem Balkan herrscht ein Hoch, über Skandinavien und im Atlantik, zwischen den Azoren und den britischen Inseln, regiert ein Tiefdruckgebiet. Dabei wird sehr warme Luft aus Südwest- bis Südosteuropa nach Mitteleuropa geführt. In dieser Zeit steht die Sonne noch relativ hoch am Himmel und kann die warme Luft weiter aufheizen. So kommt es, dass immer wieder Tageshöchsttemperaturen zwischen 33 und 37 Grad Celsius gemessen werden. Es ist oft sehr schwül und feucht.

Auch in der Nacht bleibt es oft warm. Man spricht dann von Tropennächten. Als Tropennächte bezeichnet man Nächte, in denen die Tiefsttemperatur bis kurz vor Sonnenaufgang nicht unter 20 Grad Celsius sinkt. Das ist häufig in Großstädten, die ohnehin wärmer als der ländliche Raum sind, und in Flusstälern der Fall. Wenn die Nächte warm bleiben, werden die Tage besonders heiß. Speziell am Nachmittag – von 14 bis 17 Uhr – werden die höchsten Temperaturen gemessen.

Wie das Wetter, wenn der Hundsstern aufgeht,
so wird's bleiben, bis er untergeht.

**Wie das Wetter an Kassian,
hält es noch viele Tage an.**
(St. Kassian: 13. August)

**Wie das Wetter am Himmelfahrtstag,
so es noch zwei Wochen sein mag.**
(Himmelfahrtstag: 15. August)

Bauernregeln zum Schmunzeln

**Herrscht im August eine Bärenhitze,
vertrocknet manchmal die letzte Pfütze.**

**Macht der August den Menschen heiß,
geraten sie leicht in großen Schweiß.**

**Ist der schöne August gewichen,
kommen die Monate mit dem R geschlichen:
September bis April bringen Kälte viel.**

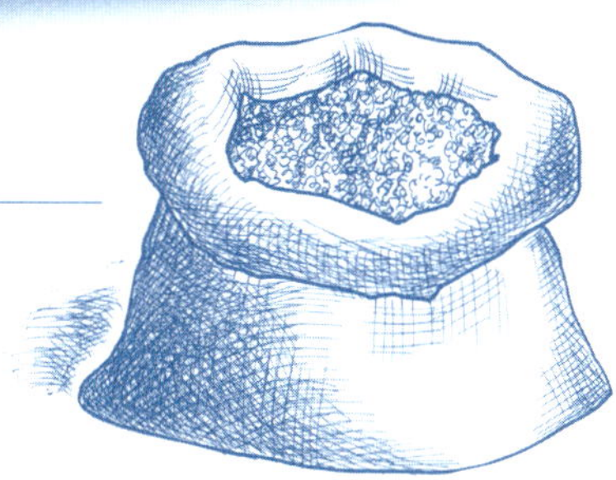

Wie wird die Ernte?

✦ Die Wetterregeln für die Heuernte haben es bereits angedeutet: Regnerisches Wetter im Juni ist schlecht für die Ernte, v. a. für die Getreideernte, die ja trocken eingebracht werden muss. Im Frühsommer, d. h.

im Juni, wird der Winterroggen geerntet, es folgen Wintergerste und Winterweizen. Diese Getreide wurden bereits im vergangenen Herbst ausgesät.

Wenn kalt und nass der Juni war,
verdirbt er fast das ganze Jahr.

Doch andersherum gilt auch folgende Bauernregel:

Im Juni kühl und trocken,
gibt's was in die Milch zu brocken.

Wenn im Juni der Nordwind weht,
das Korn zur Ernte trefflich steht.

Im Hochsommer, d. h. im Juli und bis Anfang August, folgen dann Sommerweizen, Sommergerste, Triticale, eine Kreuzung aus Roggen und Weizen, sowie Hafer und Raps. Auch hier ist warmes, trockenes Wetter wichtig für eine gute Ernte.

Verlässt sein Bett um Margret der Bach,
fehlt's im Winter an Korn unterm Dach.

(Margareta von Antiochien: 20. Juli)

Regen, Regen, bis die Bäche die über die Ufer treten – das bedeutet oft auch überschwemmte Felder und so viele Niederschläge, dass die Getreidehalme umknicken.

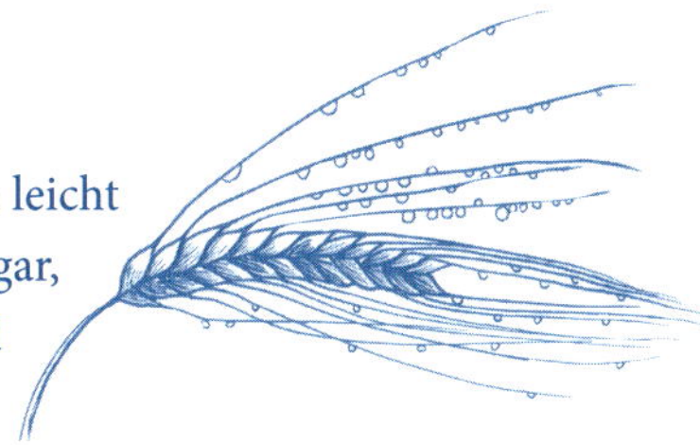

Das führt zu großen Ernteeinbußen: Das Korn kann leicht von Pilzen befallen werden, manchmal passiert es sogar, dass die Körner bereits am Halm keimen. Sie sind dann für die Mehlgewinnung nicht mehr zu gebrauchen und können nur noch verfüttert werden.
Doch selbst wenn es nach heftigen Regenfällen wieder trocknet – umgeknickte Halme sind schwer zu ernten. Deshalb bedeutete zu einer Zeit, als es noch keine Getreideimporte gab, ein regenreicher Sommer oft Hunger im Winter.
Und wie ist es beim Obst? Wenn die Zeit der Fröste überstanden ist, gibt es immer noch keinen Grund zur Entwarnung. Schäden drohen nicht nur durch Hagel, der oft bei Gewitter auf die Ernte herunterprasselt – dabei sind ganze Ernten gefährdet, z. B. beim Wein– auch Regen kann die Ernte verderben.

Regnet's im Juni über Stunden,
erntest du Kirschen mit schweren Wunden.

Stimmt! Nach starken Regenfällen passiert es immer wieder, dass vollreife Süßkirschen platzen. Woran liegt das? Wenn Regen auf die Früchte kommt, dann trifft er auf die Flüssigkeit in der Kirsche, die einen hohen Zuckergehalt hat. Das Wasser ist bestrebt, die Zuckerkonzentration auszugleichen. Dabei dringt das Regenwasser durch die Haut der Frucht in die Kirschen ein. Sie werden dicker und dicker. Dazu kommt die Wucht der dicken Regentropfen, die auf die Früchte prasseln. Beides zusammen übt einen starken so Druck auf die Früchte aus, dass sie schließlich platzen.

Wie wird das Wetter im Herbst?

✦ Gutes, sonnenscheinreiches Wetter um den 10. August verheißt in vier von fünf Jahren einen warmen, trockenen Herbst:

Schöner Laurentiustag, trockener Herbst.

Kann man nachts um Laurentius viele Sternschnuppen sehen, wirst einem sonnigen Herbst du begegnen.

Laurentius heiter und gut, einen schönen Herbst verheißen tut.

Das gilt auch für die letzten Tage im August, in diese Zeit fällt am 24. August der Lostag des Bartholomäus.

Wie sich um Bartholomä das Wetter verhält, so ist es auch um den Herbst bestellt.

Stichwort „trockener Herbst“: Für den Bartholomäustag gilt das hauptsächlich für den Spätherbst, also Oktober und November. Doch auch, wenn es an Bartholomä regnet, kann man mit einem trockenen Spätherbst rechnen.

Bleibt St. Barthel im Regen stehen, ist ein guter Herbst vorauszusehen.

Der Bartholomäustag markiert traditionell das Ende der Getreideernte. Der bäuerliche Sommer ist zu Ende, damit ist der Bartholomäustag der erste Herbsttag im

Bauernkalender. Es wird gleichzeitig geerntet und gesät: An Bartholomä beginnt die Apfelernte, und die erste Wintersaat wird ausgebracht.

Bartholomä,
wer Korn hat, der sä,
wer Gras hat, der mäh,
wer Hafer hat, der rech,
wer Äpfel hat, der brech.

Wie wird der September?
Aufschlussreich ist das Wetter während der ersten Septembertage. Dabei spielt es keine Rolle, ob es sonnig ist oder regnet:

Wie Ädigius und Verena walten,
wird sich die Witterung des Septembers gestalten.
(St. Ägidius und St. Verena: 1. September)

Gib auf Ägidius wohl acht,
er sagt dir, was der Monat macht.

Wie das Wetter an Ägidius,
so es vier Wochen bleiben muss.

Ist Ägidi ein heller Tag,
ich dir schönen Herbst ansag.

**Gib auf Ägidius wohl acht,
er sagt dir, was der Monat macht.**

**Tritt Verena mit dem Krüglein auf,
nimmt ein nasser September seinen Lauf.**

Ist es Anfang September regnerisch, dann verheißt das wenig Gutes – in zwei von drei Fällen wird es dann für den gesamten Monat eher kühl und feucht. Ist es dagegen warm und sonnig und zirpen die Grillen, dann kann man davon ausgehen, dass es für den Rest des Monats und sogar darüber hinaus so bleibt – ein Altweibersommer mit viel Sonne steht ins Haus!

Wie wird der Winter?

✦ Kaum zu glauben, aber bereits im Sommer deutet sich das Wetter des kommenden Winters an.

**Fängt der August mit Hitze an,
bleibt sehr lang die Schlittenbahn.**

**Erste Augustwoche heiß,
dann bleibt der Winter lange weiß.**

**Sind die Hundstage heiß,
bleibt der Winter lange weiß.**

**Ist's an Domini sehr heiß,
wird der Winter lang und weiß.**
(St. Dominikus: 8. August)

Die Rede ist von den Hundstagen, der Hitzeperiode im Sommer, die von einem Hochdruckgebiet über dem Balkan geprägt ist. Der Anfang der Hundstage ist Ende Juli, genauer gesagt, am 23. Juli – genau einen Monat danach enden die Hundstage wieder.

Auswertungen haben ergeben, dass zumindest die ersten Hundstage – d. h. von Ende Juli bis um den 8. August – einen Winter mit viel Schnee zur Folge haben können. Vorausgesetzt, es ist Ende Juli und Anfang August über 25 Grad Celsius warm!

Doch niemand sollte sich zu früh freuen: Nach einem insgesamt überdurchschnittlich warmen August ist es sehr wahrscheinlich, dass auch der kommende Februar mild ausfällt.

**Wie der August war,
wird der künftige Februar.**

Bauernregeln
im Herbst

Zeit der Ernte

Der Herbst steht fast ganz im Zeichen der Ernte: Die Wiesen werden das zweite Mal gemäht und Heu für den Winter getrocknet. Jetzt, nach rund 100 Tagen auf den Bergen, ist der Sommer in der Höhe vorbei und es ist Zeit, das Vieh von den Almen zurück ins Tal zu holen. Zu diesem Anlass wird in vielen landwirtschaftlich geprägten Orten, v. a. im Allgäu und in der Schweiz, bis heute der Almabtrieb, in manchen Gegenden auch Viehscheid genannt, mit zahlreichen Bräuchen gefeiert: Wenn der Bergsommer für die Tiere – Schafe, Ziegen und Kühe – ohne tödlichen Unfall verlaufen ist, schmückt sie der Senner oder die Sennerin für den Abtrieb mit Blumen und Bändern. Die Leitkuh, die als Kranzkuh mit einer Krone aus Zweigen, Blumen, Gräsern geschmückt ist, führt die Herde an. Die Krone enthält ein Kreuz, einen Spiegel und Glocken, die böse Geister abwehren sollen.

Die restlichen Äpfel und Birnen sowie die Holunderbeeren sind reif und können gelagert bzw. eingekocht oder auf dem Markt verkauft werden. Im Oktober ist dann Zeit für die letzte Kartoffelernte. Zugleich steht schon wieder die nächste Aussaat an: Das Wintergetreide muss aufs Feld! Im November wird noch einmal im Bauerngarten geerntet, dann wartet nur noch das Wintergemüse wie Grünkohl. Ende November begann dann die „stade Zeit“ (bayrisch für „stille Zeit“) – mit viel Arbeit in der Stube!

Los geht's im September, der am Anfang oft dem Sommer sehr ähnlich ist. Zu Monatsbeginn ist der Luftdruck noch relativ hoch und es ist warm, dann fällt er ab, Regen kommt. Nach der Monatsmitte steigt der Luftdruck erneut – ein stabiles Hochdruckwetter mit viel Sonnenschein breitet sich über Europa aus. Kommt der Sommer noch einmal zurück?

Altweibersommer von Mitte September bis Anfang Oktober

✦ Typisch für die zweite Septemberhälfte sind – auch wenn sich das Jahr bereits dem Ende zuneigt – warme Tage. Für viele ist diese Zeit die schönste im ganzen Jahr. Während es morgens bereits empfindlich kalt wird, steigt an manchen Orten die Temperatur bis auf 30 Grad Celsius. Ist der Sommer wieder zurück? Nein, warme

Tage in dieser Zeit gehören zum Altweibersommer, der vom 23. September bis etwa zum 10. Oktober für bestes Wander- und Gartenwetter sorgt. Es ist meist windstill, die Luft ist klar, die Sicht über die Landschaft hervorragend. Der Altweibersommer ist die letzte Warmwetterphase im Jahreslauf.

Viel Sonne, wenig Wind, warme Tage und kühle Nächte

Wie kommt es dazu? Verantwortlich für die warme Luft ist ein stabiles Hochdruckgebiet, das sich von den Azoren nach Süd-, Mittel- und Osteuropa verlagert. Gleichzeitig strömt aus Südwesten Warmluft zu uns. Das führt in vielen Gegenden zu großen Temperaturunterschieden: Abends und am Morgen ist es sehr kühl bis bitterkalt, tagsüber erwärmt sich die Luft wie an einem Hochsommertag. Damit bestätigt sich folgende Bauernregel:

Der September ist der Mai des Herbstes.

Dass die Wetterlage in der zweiten Septemberhälfte so stabil ist, ist auf die ausgeglichenen Temperaturverhältnisse auf dem europäischen Kontinent und den umgebenden Meeren zurückzuführen. Während sich die Landmassen jetzt rasch abkühlen – die Sonne hat nicht mehr so viel Kraft wie im Hochsommer – das Meer gibt die Wärme nur langsam an die Luft ab. Ohne größere Luftdruckunterschiede gibt es keinen Wind, deshalb ist die Wetterlage in dieser Zeit auch so stabil.

Kommt der Altweibersommer oder kommt er nicht?

Wie Ädigius und Verena walten,
wird sich die Witterung des Septembers gestalten.

Ob es zu einem schönen Altweibersommer kommt, kann man nicht nur aus dem Wetter während der ersten Herbsttage erfahren. Den Startschuss zum Altweibersommer gibt das Wetter am astronomischen Herbstanfang, also um den 21. September:

Wenn's Wetter an Matthäus Freude dir macht,
vier Wochen Frau Sonne vom Himmel noch lacht.

Wie's Matthäus treibt,
es vier Wochen bleibt.

Wie im September tritt der Neumond ein,
so wird das Wetter den Herbst durch sein.

Neumond im September, das ist der Tag der Tagundnachtgleiche. Von jetzt an ist die Neigung der Erde so, dass die Sonne immer mehr die Südhalbkugel bescheint. Während dort der Frühling beginnt, wird es bei uns Herbst.
Dabei steht fest: Das Wetter ist in dieser Zeit sehr stabil. Doch keine Bange – in fünf von sechs Jahren kommt der Altweibersommer!

Wie erklärt sich der Begriff „Altweibersommer"?

Mit alten Frauen hat er nichts zu tun. Der Wortteil „weiber" stammt von „weiben" – dem althochdeutschen Wort für „sich hin und her bewegen, schwanken, flattern", das man auch mit der Tätigkeit des Webens in Verbindung bringen kann.

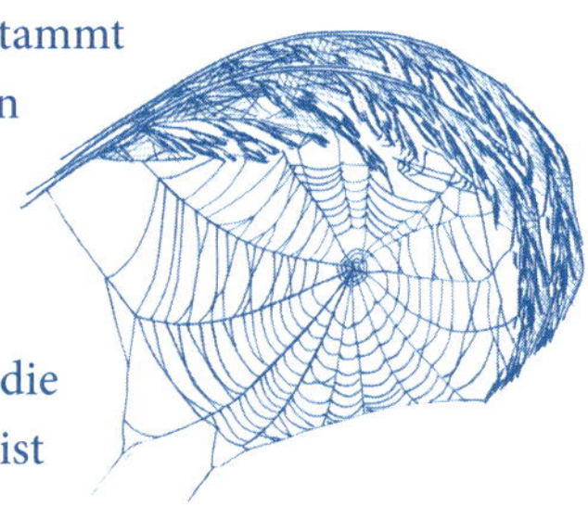

Während des Altweibersommers fallen die Spinnweben, die morgens vom Tau benetzt sind, besonders ins Auge. Das ist

wohl auch der Grund, warum sich um die Spinnweben so viele Erklärungsversuche ranken: „Weiben" ist ein alter Begriff für das Knüpfen von Spinnweben. Nach einer anderen Version glaubten die Leute früher, die Spinnfäden stammten von Elfen oder „Nornen" – germanischen Gottheiten, die den Schicksalsfaden eines jeden Menschen in der Hand haben und über sein Wohl und Wehe entscheiden.
Die Begriffe „Mariengarn" und „Mariengespinst" gehen auf die Vorstellung zurück, dass die Fäden aus dem Mantel stammen, den die heilige Maria bei ihrer Himmelfahrt trug.
Mit dem Altweibersommer beginnt auch die Zeit, in der sich die Blätter der Bäume bunt färben – typisch für den „Indian Summer", wie dieses Wetterphänomen in Nordamerika genannt wird.
Dazu passen folgende Bauernregeln:

St. Kosmas und St. Damian
fängt das Laub zu färben an.
(Zwillinge-Gedenktag: 26. September)

Oktober, der fröhliche Wandersmann,
der pinselt Wald, Weide und Hecken an.

Bauernregel zum Schmunzeln

Schaut im Oktober die Maus aus dem Loch,
hat sie schon g'fressen oder 's hungert sie noch.

Wie wird der Winter?

✦ Noch ist die Ernte voll im Gang, doch bald steht der Winter vor der Tür. Wird er kalt oder bleibt es mild? Allgemein gilt folgende Bauernregel:

**Ist der September lind,
wird der Winter ein Kind.**

Das trifft v. a. für den Februar zu, also den eigentlich kältesten Monat im Jahresverlauf. Der Winteranfang wird nur mit einer Chance von rund 55 Prozent überdurchschnittlich mild, beim Februar sind es stolze 85 Prozent.

Auch die Sonnenscheindauer und -intensität in der Monatsmitte kann etwas über das Wetter im kommenden Februar verraten:

**Ist's hell am Kreuzerhöhungstag,
so folgt ein strenger Winter nach.**
(Kreuzerhöhungstag: 14. September)

Regen Ende September, d. h. am Michaelstag, bedeutet mit einer Wahrscheinlichkeit von 85 Prozent einen milden Winter – von Dezember bis Februar.

**Wenn Michael durch Pfützen geht,
ein milder Winter vor uns steht.**

Regen an Michaelstag,
einen milden Winter bringen mag.

Im Oktober sollte man auf die Temperatur und die Niederschläge achten. Ein warmer, niederschlagsarmer Oktober führt – zumindest in Süddeutschland – zu einem strengen Winter im Januar und Februar. Das sagen folgende Bauernregeln:

Warmer Oktober bringt fürwahr
stets einen kalten Januar.

Ist der Oktober warm und fein,
kommt ein scharfer Winter drein.

Wenn lind der Oktober war,
folgt ein harter Februar.

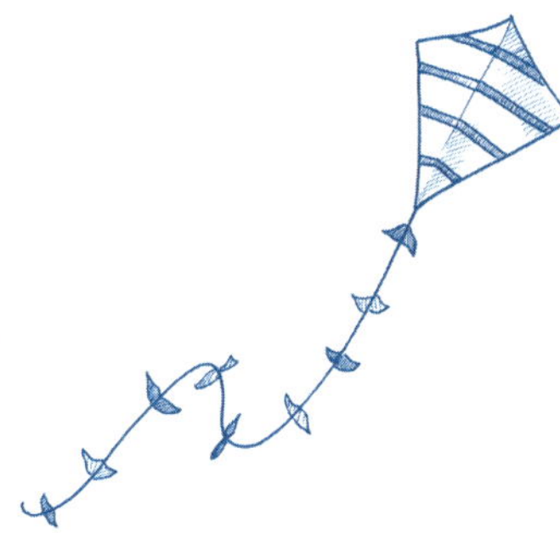

Doch es gilt auch die umgekehrte Regel – auf einen kalten Oktober folgt ein milder Winter:

Bringt der Oktober schon Schnee und Eis,
ist's schwerlich im Januar kalt und weiß.

Wenn's im Oktober friert und schneit,
bringt der Jänner milde Zeit.

**Schneit's im Oktober gleich,
dann wird der Winter weich.**

Auch bei den Nebeltagen gibt es einen Zusammenhang mit dem Winterwetter:

**Viel Nebel im Oktober,
viel Schnee im Winter.**

Im November geht das Spekulieren rund um das kommende Winterwetter weiter. Ein früher Wintereinbruch mit Frost in den ersten zehn Novembertagen verheißt für den Bauern ein ungünstiges Winterwetter im Januar – Regen!

**Friert im November zeitig das Wasser,
wird's im Januar umso nasser.**

Wie wird das Wetter an St. Martin?

St. Martin, das bedeutet heute Laternenumzüge mit den Kindern, sehr oft ist sogar ein Reiter auf einem Pferd dabei. In vielen Pfarreien und Kirchengemeinden werden gebackene Martinsgänse verkauft. Dies war das traditionelle Essen an diesem Gedenktag.

Woher kommen diese Bräuche? Der Martinstag – St. Martin wurde am 11. November 397 begraben – markiert traditionell das Ende des Wirtschaftsjahres für die Bauern: Die Bauern hatten ihre Ernte eingebracht und ihre Überschüsse verkauft, Knechte und Mägde ihren Lohn erhalten. Man zahlte Steuern und Zinsen – meist in Form von Gänsen. So brauchten die Bauern die Tiere den Winter über nicht zu füttern!

Doch St. Martin ist und war nicht nur ein wichtiger Feiertag im Jahreslauf für die Bauern. Auch das Wetter spielt eine Rolle!

Wenn an Martini Nebel sind,
wird der Winter meist gelind.

Ist Martini trüb und feucht,
wird gewiss der Winter leicht.

Martini trüb – Winter lieb.

Bauernregeln zum Schmunzeln

Wachsen die Nächte schon wieder auf Erden,
so viel kürzer die Tage werden.

Wird es kalt,
kommt der Winter bald.

Wenn im November der Schornstein raucht,
wird in der Küche viel Holz verbraucht.

Wer das Wetter die letzten Jahrzehnte rund um diesen Lostag verfolgt hat, weiß, dass diese Regel stimmt. Noch mehr und wahrscheinlicher trifft sie zu, wenn man die Witterung zehn Tage darauf, d. h. um den 21. November, entsprechend der Zeitrechnung nach dem neuen Kalender im Blick hat – dann tritt diese Voraussage sogar in drei von vier Wintern ein!

Ebenfalls sehr zuverlässig ist folgende Bauernregel zu St. Kathrein am 25. November, wenn es um das Wetter im Februar geht:

Wie der Tag zu St. Kathrein,
wird der nächste Februar sein.

Wie es um Katharina, trüb oder rein,
so wird auch der nächste Februar sein.

Dabei gilt: Ist es um den 25. November trocken, dann folgt in vier von fünf Jahren ein überdurchschnittlich trockener Februar. Ist es regnerisch, dann besteht zumindest zu 60 Prozent die Wahrscheinlichkeit, dass auch der Februar nass wird.

Bauernregeln
aus der Tier- und
Pflanzenwelt

Tiere und Pflanzen als Wetterboten

Wie kann man wissen, wie sich das Wetter entwickeln wird? Auch hier hilft die Natur weiter. Viele Tiere und Pflanzen reagieren bereits auf geringe Luftunterschiede, die einem Wetterwechsel vorangehen. Wer zur rechten Zeit genau beobachtet, weiß Bescheid!

Wenn des Storchschnabels Frucht wie der Uhrzeiger dreht,
in der Nacht schlechtes Wetter vor uns steht.
Dreht sich die Frucht entgegengesetzt,
kein Wölkchen den sternklaren Himmel benetzt.

Was hat es damit auf sich? Der Storchschnabel ist eine blühende Staude, die in vielen Gärten als Bodendecker verwendet wird. Ihren Namen hat sie jedoch nicht von der Blüte, sondern von der Frucht. Sie ist eine Kapsel, lang gestreckt wie ein Storchen schnabel. Dreht sich die Frucht im Uhrzeigersinn, dann nimmt die Luftfeuchtigkeit zu, es wird regnen. Dreht sie sich gegen den Uhrzeigersinn, dann nimmt die Luftfeuchtigkeit ab, das Wetter bleibt bzw. wird schön.

Übrigens: Der Storchschnabel war im Mittelalter eine Heilpflanze und damit auch in Bauerngärten heimisch. So wurde Storchschnabeltee bei Magen-Darm-Erkrankungen verabreicht.

Auch viele Tierarten tun als Wetterpropheten gute Dienste. Am bekanntesten ist der Hahn. Nicht ohne Grund begegnet man dem Hahn in vielen Orten als Wetterfahne auf Kirchturmspitzen. Um den Überblick über ihre Hühner zu haben, halten sich Hähne gern auf einem erhöhten Punkt auf.

Kräht der Hahn auf dem Mist,
bleibt's Wetter wechselhaft, wie's ist.
Kräht er auf dem Hühnerhaus,
hält's schöne Wetter noch länger aus.

Hühner und natürlich auch Hähne fressen gern Würmer und Insekten. Solange es feucht bzw. das Wetter wechselhaft ist, sind diese Tierchen in den oberen Schichten im Misthaufen bzw. Komposthaufen zu finden. Die Hühner samt Hahn haben also guten Grund, auf dem Misthaufen danach zu scharren und dort nach Futter zu suchen.

Wenn es jedoch warm ist, dann trocknen die oberen Schichten des Misthaufens bzw. Komposthaufens aus und die Würmer und Insekten kriechen in tiefere Schichten, wo es noch feucht ist. Für die Hühner ist hier nichts mehr zu holen, sie müssen sich an anderer Stelle Futter suchen.

Wenn der Hahn sich dann auf dem Hühnerhaus zeigt, kann man ihn als einen Schönwetterboten betrachten.

Bauernregeln zum Schmunzeln

Kräht der Hahn auf dem Mist,
ändert sich das Wetter oder es bleibt wie's ist.

Stellt sich ein Huhn früh gackernd ein,
gibt's Regen oder Sonnenschein.

Über den Wetterhahn auf Kirchtürmen

✦ Windanzeiger gibt es in vielen Variationen, z. B. in Form einer Fahne oder auch als Schiff. Besonders beliebt und häufig bei Kirchen sind Windanzeiger in Form eines Hahns. Wieso ausgerechnet ein Hahn? Die Lösung liefert die Bibel: „Ehe der Hahn krähen wird, wirst du mich dreimal verleugnen", sagt Jesus zu Petrus – so der Bericht im Matthäusevangelium 26,75. So geschah es auch. Petrus, so heißt es, schämte sich dann so sehr über seinen Verrat, dass er von nun an den neuen Glauben predigte und dafür sogar starb. Der Hahn auf einem Kirchturm ist damit nicht nur ein Windanzeiger. Als Symbol für Ehrlichkeit ist er eine Mahnung, sich nicht nach dem Wind zu richten.

Es wird regnen!

✦ Regenwetter ist, so jedenfalls bei den Bauernregeln, leichter vorherzusagen als schönes Wetter, wenn man sich nach den Signalen, die Tiere und Pflanzen geben, richtet. Warum das? Regenwetter kündigt sich in der Atmosphäre durch feuchte Luft, d. h. Wolken an. Viele Tiere und Pflanzen reagieren, wenn auch sehr unterschiedlich, auf Feuchtigkeit und können damit nahenden Regen ankündigen. Anders ist es, wenn es darum geht, bei einem Wetterwechsel von Regen zu schönem, d. h. niederschlagsfreiem, trockenen Wetter, vorauszusagen. Es dauert immer eine ganze Weile, bis sich die Feuchtigkeit des Regens verflüchtigt hat und die Tiere und Pflanzen sich entsprechend verhalten.

Etwas anderes ist es, wenn es darum geht, vorauszusagen, ob schönes Wetter anhält. Hier bewährt es sich, wenn man auf die „Schönwetteranzeichen" bei den Tieren und Pflanzen achtet. Solange sich keine Feuchtigkeit in der Atmosphäre angesammelt hat und die Pflanzen und Tiere entsprechend reagieren, deutet nichts auf Regen hin – das schöne Wetter bleibt aller Voraussicht nach erhalten.

Natürlich können wir es nach einem langen Regen oft kaum erwarten, dass endlich wieder die Sonne scheint. Doch für die Bauern war und ist der Regen ganz entscheidend für das Gelingen der Ernte.
Das ist sicher auch ein Grund, warum sich so viele Bauernregeln mit dem Regen befassen!

Regenwetterpropheten aus der Tierwelt

✦ Zu den bekanntesten tierischen Wetterpropheten gehört der Frosch. Wer kennt nicht die unzähligen Fotos, auf denen ein Laubfrosch in einem Glas mit einer Leiter abgebildet ist! In der Natur zeigen Frösche ihr „Wetterwissen" jedoch auf eine andere Art.

**Frösche auf Stegen und Wegen
deuten auf baldigen Regen.**

**Verlässt der Frosch seinen Teich,
wird das Wetter regenreich.**

**Wenn die Kröten fleißig laufen,
wollen sie bald Regen saufen.**

**Springende Fische
bringen Gewitterfrische.**

**Lassen die Frösche sich hören mit Knarren,
wirst du nicht lange auf Regen harren.**

Frösche haben eine sehr empfindliche Haut, mit der sie sehr geringe Feuchtigkeitsschwankungen wahrnehmen können. Teichfrösche und Seefrösche, die ganz besonders auf Feuchtigkeit angewiesen sind, verlassen schon Stunden, bevor es zu regnen anfängt, ihren eigentlichen Lebensraum und sind dann oft, wie es die Bauernregel andeutet, auf Wegen zu finden. Der Grund: Durch ihre Wettersensibilität wissen sie im Voraus, dass ein Tief mit Regen kommen wird. Und wenn es regnet, können sie ihren Lebensraum verlassen – das Wasser kommt ja von oben.

Bauernregel zum Schmunzeln

Nicht jedes Froschgeschrei zieht Regen herbei.

Ganz ähnlich ist es mit den **Schnecken**: Wenn Landschnecken bei trockenem, sonnigem Wetter umherkriechen, dann ist es mit dem Sonnenschein bald vorbei – Regen steht bevor.

Wenn die Gartenschnecken kriechen auf Beeten und Wegen, so folgt Gewitterregen.

Doch nicht nur kleine, sehr empfindliche Tiere wie Frösche und Schnecken reagieren auf Wetterwechsel. Auch „Kolosse“ wie Kühe richten ihr Verhalten nach dem Wetter aus.

Dreht die Kuh mit dem Schwanz sich nach Westen,
entwickelt das Wetter sich nicht zum Besten.

Diese Regel gilt nicht nur für **Kühe auf der Weide**, sondern auch für Rehe und andere Wildtiere, die sich vor Angreifern schützen müssen. Damit Beutetiere sie nicht riechen und hören können, nähern sich Angreifer – Tiere oder Jäger – gegen den Wind. Doch auch die Beutetiere sind nicht untätig: Sie stellen sich mit dem Hinterteil in Windrichtung auf und haben so die besten Aussichten, ihre Jäger so früh wie möglich zu entdecken.

Drehen sich die Kühe mit dem Kopf nach Osten und dem Hinterteil nach Westen, dann heißt das, dass Westwind herrscht – und damit milde, feuchte Witterung, sprich Regen, zu erwarten ist.

So ähnlich drückt es auch folgende Bauernregel aus:

Wenn die Kuh nach Westen schaut,
der Bauer auf freundliches Wetter baut.
Doch schaut die Kuh nach dem Osten,
fällt bald Regen auf Dächer, Zaun und Pfosten.

Bauernregel zum Schmunzeln

Auch wenn man alt wird wie 'ne Kuh, lernt man doch immer noch dazu.

Und noch eine Tierart auf der Weide, die **Schafe**, verrät einiges über das kommende Wetter:

Stecken die Schafe ihre Köpfe zusammen, wird Regen mit Blitz und Donner die Wiesen verschlammen.

Im Hochsommer, während der Hundstage von Ende Juli bis Ende August, kann es sehr schwül werden. Jetzt sind viele Stechmücken und andere Insekten in der Luft, die den Schafen lästig sind. Da die Wolle der Tiere, die im Frühsommer geschoren wurden, schon wieder ein Stück nachgewachsen ist, können sie am Körper kaum gestochen werden. Das Angriffsziel der Insekten sind die Köpfe mit ihrem kurzen Fell. Um die Plagegeister abzuwehren, sammeln sich die Schafe in Gruppen und stecken die Köpfe zusammen. Wenn ein Tier in der Gruppe sich bewegt, um die Insekten zu vertreiben, sind auch die anderen die Plagegeister für eine Weile los!

Dass Fliegen und generell Insekten bei schwülem Wetter als aggressiv erscheinen, hat folgende Bauernregel aufgegriffen:

Wenn die Fliegen und Flöhe beißen, tut das Regen bald verheißen.

Dabei sind mit Fliegen und Flöhe nicht nur diese Tierarten gemeint. Mücken sind besonders stechfreudig – das beweist folgende Variante der Bauernregel:

Lässt Apollinaris Blitze zucken, dann oft auch Mückenstiche jucken.

(Apollinaris: 23. Juli)

Sind Insekten besonders „stichwütig“ bei schwülem Wetter? Eigentlich nicht. Die Ursache ist eine andere. Bei Hitze fließt der Schweiß sowohl bei den Menschen als auch bei den Tieren. Schweißgeruch enthält Lockstoffe, die anziehend auf Insekten wirken. Deshalb gilt: Je heißer es ist, desto mehr schwitzen wir und werden von Insekten „umschwärmt“.
Überhaupt sollte man ein Auge auf Insekten werfen: Neben Stechmücken geben Ameisen, Bienen und Glühwürmchen Auskunft über das baldige Wettergeschehen.

Wenn die Ameisen in ihre Hügel verschwinden, wird sich in Kürze Regen einfinden.

Ameisen reagieren sehr sensibel auf ihre Umwelt. Sie haben eine Art Kompass, der sich am Polarisationsmuster des Sonnenlichts orientiert. Worum geht es bei der Polarisation des Sonnenlichts? Licht ist eine elektromagnetische Welle. Es schwingt – anders als Schallwellen, die nur vorwärts und rückwärts schwingen, senkrecht zur Ausbreitungsrichtung. Lichtwellen sind zusammengesetzt aus einer elektrischen und einer magnetischen Komponente; das elektrische Feld schwingt immer senkrecht zum magnetischen. Wenn die Lichtwellen in die Erdatmosphäre eindringen, werden sie polarisiert. Nun schwingen die Lichtwellen vorwiegend in einer bestimmten Ebene. Einige Insektenarten können diese Wellen auch wahrnehmen, wenn ein paar Wolken am Himmel aufziehen. Wenn jedoch dichte Wolken aufziehen, werden die Strahlen wieder depolarisiert – und die Ameisen können sich nicht mehr orientieren. Zur Sicherheit ziehen sie sich in den Ameisenbau zurück. Auch ihre Ameiseneier bringen sie dorthin.

Warum ist Regen so gefährlich für Ameisen? Ameisen können nicht schwimmen, allerdings gehen sie im Wasser auch nicht unter. Sie sind so leicht, dass sie dank der Oberflächenspannung auf dem Wasser gehalten werden. Gefährlich wird es für Ameisen, wenn sie unter Wasser gedrückt werden, dann ertrinken sie. Aber auch ein Wassertropfen von oben ist der sichere Tod – die kleinen Tiere können der Wucht des Aufpralls nichts entgegensetzen. Überhaupt ist Nässe nichts für Ameisen: Neben ihrem Kompass haben Ameisen sehr gute Riechorgane, sie verständigen sich über Duftspuren. Während eines Regens und danach sind diese Duftspuren weggewaschen. Etwas anderes ist es in einem Ameisenbau: Auch nach einem starken Regen bleiben im Boden Hohlräume, in die sich die Ameisen verkriechen.

Ganz ähnlich wie die Ameisen suchen auch **Bienen** und **Glühwürmchen** vor schlechtem Wetter im Trockenen Schutz.

Entfernen sich die Bienen nicht weit von der Beute, erwarten Schlechtwetter Land und Leute.

Anders als Ameisen, die sich bei wolkigem Wetter nicht mehr mit ihrem Kompass orientieren können, „spüren“ die Bienen einen Wetterumschwung nicht. Sie reagieren mit kurzen Flügen vielmehr auf das Verhalten zahlreicher Blumen. Viele Blumen schließen ihre Blüten vor einem Regen, z. B. Löwenzahn. Sind die Blüten offen oder geschlossen? Um das herauszufinden, unternehmen die Bienen Erkundungsflüge und teilen dann ihre Beobachtungen den anderen Bienen im Stock durch ihre Bewegungen mit. Deshalb also die kurzen Ausflüge vor einem Regenguss!

Wenn die Glühwürmchen sich verstecken, wird Regen in der Früh dich wecken.

Glühwürmchen sind Gutwetterboten des Frühsommers; v. a. um den Johannistag am 21. Juni sind sie bei gutem, trockenem Wetter abends häufig zu sehen. Mit ihrem Leuchten, das von dem Leuchtstoff Luziferin produziert wird, machen die Männchen die Weibchen auf sich aufmerksam. Dabei sind die Tiere nur in den Abend- und ersten Nachtstunden zu beobachten. Später in der Nacht wird es zu kühl und feucht. Wenn die Glühwürmchen fliegen, wird auch am nächsten Tag die Sonne scheinen. Leider ist die Glühwürmchenzeit kurz – die Partnersuche dauert nur bis Anfang Juli.

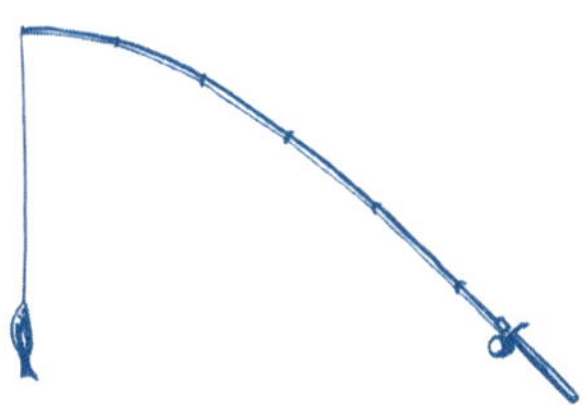

Anders als Glühwürmchen und generell Insekten kann man **Fische** fast das ganze Jahr über, zumindest solange die Seen nicht zugefroren sind, als Wetterpropheten betrachten.

Geht der Fisch nicht an die Angel, herrscht an Regen bald kein Mangel.

Warum verschmähen Fische manchmal jeden noch so leckeren Köder? „Schuld“ daran ist oft nicht der Angler oder sein Gerät. Es liegt am zukünftigen Wetter – ein Tiefdruckgebiet mit Regen nähert sich. Woher „wissen“ Fische davon? Fische haben eine Schwimmblase, mit der sie ihre Tauchtiefe regulieren. Beim Abtauchen müssen sie die Schwimmblase mit Luft füllen, beim Auftauchen geben sie Luft aus der Schwimmblase ab. Wenn sich ein Tiefdruckgebiet nähert, nimmt der Luftdruck ab und damit auch der Druck im Wasser. Um den Druck auf den Körper konstant zu halten, schwimmen die Fische dann in tieferen Regionen.
Angler sollten also, bevor sie ihrem Hobby nachgehen, erst die Wettervorhersage überprüfen, sonst kann es ihnen passieren, dass sie mit leeren Händen vom Angelausflug nach Hause kommen.

Pflanzen als Wetteranzeiger für Regen

✦ Blümlein, Blümlein auf dem Feld, wie ist's ums Wetter bestellt? So heißt ein geflügeltes Wort. Bei den **Pflanzen** sind oft die **Blüten**, wenn es ums zukünftige Wetter geht, aussagekräftig. Doch wer meint, dass alle Pflanzen bei Regen die Blüten schließen, der irrt sich.

Steh'n die Blüten des Blaulattichs offen,
kannst du zunächst auf Schönwetter nicht hoffen.

Was für den **Blaulattich** gilt, trifft auch auf den **Großen Wiesenknopf** und das **Fünffingerkraut** zu. Doch warum öffnen die Pflanzen ihre Blüten ausgerechnet dann, wenn es regnet? Die Blüten sind geschlossen, um sie vor Verdunstung und Trockenheit zu schützen. Wenn jedoch ein Tiefdruckgebiet mit Regen kommt, dann ist es feucht genug, dass sich die Blüten öffnen!

Pflanzen verschließen ihre Blüten

Auf einer Alm, oben in den Bergen, ist es besonders wichtig, dass man über das Wetter gut Bescheid weiß. Die Silberdistel, auch Wetterdistel genannt, die bis in Höhen von 1.400 Metern anzutreffen ist, war früher ein wichtiger Wetterbote für die Senner und Sennerinnen, die oft ganz allein, ohne Kontakt zur Bauernfamilie im Tal, die Tiere im Auftrag der Bauern den Sommer über versorgten und für sie verantwortlich waren. Bei schlechtem Wetter, Nebel und Regen, kann es für Kühe und Schafe im Gebirge sehr gefährlich werden – da heißt es, genau auf die Signale der Natur achten!

Doch auch heute noch lohnt es sich, wenn man beim Wandern und Bergsteigen immer wieder einen Blick auf die Blüten der Distel wirft.

Verschließt sich die Distel unseren Blicken,
wird Himmelsnass uns bald beglücken.

Wenn sich der Silberdistelkopf wie ein Igel zusammenrollt,
bald Regen vom Himmel kommt oder ein Donner grollt.

Die Distel ist längst nicht die einzige Blüte, die sich bei Regen verschließt! Viele Wiesenblumen verhalten sich ähnlich, z. B. der Löwenzahn.

Wenn der Löwenzahn seine Blüten versteckt,
sich der Himmel mit Wolken bedeckt.

Auch **Gänseblümchen**, **Wegwarte**, **Ringelblume**, **Ackergauchheil**, **Vogelmiere**, **Ackerwinde** und **Kamille** gehören zu den Wetterpflanzen, die ihre Blüten nach dem Lauf der Sonne ausrichten – und schließen, wenn schlechtes Wetter mit Regen droht. Deshalb auch der Name „Sonnenbräute"!
Typisch für diese Blumen ist, dass sie ihre Blüten im Lauf des Tages nach dem Verlauf der Sonne ausrichten. Sie bewegen sich also mit der Sonne. Die Pflanzen besitzen Rezeptoren, mit denen sie messen, wie stark die Sonne scheint. Wenn die Sonne von Wolken verdeckt wird, lässt die Intensität der Sonnenstrahlen nach. Dadurch verändert sich der Wasserdruck in den Blütenzellen. Je mehr Wolken, desto feuchter wird die Luft, bis es schließlich regnet. Bei feuchtem Wetter wird den Zellen Wasser entzogen, die Blütenkelche schließen sich. Sobald jedoch der Regen vorbei ist und wieder Trockenheit herrscht, werden die Zellen wieder mit Wasser gefüllt, die Blüten öffnen sich. Der Ackergauchheil wurde in früheren Zeiten wegen dieser Fähigkeit „das Wetterglas des armen Mannes" genannt.

Blattpflanzen „schwitzen": Guttation

Wasser auf Pflanzen, ohne dass es geregnet hat oder Tau gefallen ist? Auch dieses Phänomen kann man als Wettersignal deuten. Dass Pflanzen auch auf starke Hitze, verbunden mit Feuchtigkeit, reagieren, ist nichts Ungewöhnliches. Üblicherweise verdampft überschüssiges Wasser, die Pflanzen „schwitzen" es über ihre Spaltöffnungen und über die Blattoberfläche aus. Dabei entweicht die Feuchtigkeit der Pflanzen als Wasser-Gas-Gemisch. Dazu kommt ein weiteres Verfahren, die Guttation. Dabei „schwitzen" die Pflanzen Wasser in Tröpfchenform. Beobachten kann man das Phänomen bei der Kapuzinerkresse, beim Frauenmantel, Ackerschachtelhalm, Blumenkohl – die Pflanzen schwitzen.

**Wenn der Frauenmantel schwitzt,
uns der Regen im Nacken sitzt.**

Warum schwitzen Pflanzen? Bei bestimmten Wetterlagen kann die Pflanze nicht mehr ausreichend Wasser durch Verdunstung abgeben. Das ist der Fall, wenn es bereits feucht ist und der Wind zusätzlich feuchte Luft bringt. Noch mehr Feuchtigkeit in der Luft – das bedeutet Regen. So gesehen trifft die oben erwähnte Bauernregel genau ins Schwarze!
Das Phänomen der Guttation ist auch bei Bäumen zu beobachten: Ahorn, Rosskastanie und Erle sondern Wasser über Tropfen an ihren Blättern ab – oft nicht nur Stunden, sondern Tage, bevor der Regen kommt.

Wenn der Ahorn Tränen weint,
die Sonne nicht mehr lange scheint.

Nektar und Honigtau im Überfluss

Ein wenig anders die Linde, die vor einem drohenden Regenguss besonders intensiv duftet.

Duften die Linden hinten im Garten,
ist bald Regen zu erwarten.

Ursache für den betörenden Duft der Linde ist die schwülwarme Witterung. Sie bewirkt, dass die Lindenblüten verstärkt Nektar produzieren. Der duftende Nektar lockt massenweise Blattläuse an, die selbst wiederum eine zuckrig duftende Flüssigkeit, Honigtau genannt, ausscheiden. Besonders intensiv ist der Duft bei schwülem Wetter – oft der Vorbote für Gewitter. Damit stimmt auch diese Bauernregel!
Sein Auto sollte man übrigens nicht unter blühenden Linden abstellen. Und auch wenn es noch so herrlich duftet – lieber nicht auf einer Gartenbank unter einer Lin-

de einen Plausch halten. Warum? An besonders warmen Tagen befinden sich massenhaft Blattläuse in den Bäumen und produzieren so viel Honigtau, dass er heruntertropft. Deshalb kommt es immer wieder vor, dass Autos mit einer klebrigen Schicht überzogen und Sitzbänke unter Linden klebrig-feucht sind.

Bauernregel zum Schmunzeln

Besser eine Laus auf dem Kraut als gar kein Fleisch.

Baldiger Regen im Wald

✦ Im Wald kann man baldigen Regen an vielen Pflanzen beobachten – dabei sind die Phänomene jedoch recht unterschiedlich.

Der **Waldklee** ist eine in Europa und Nordamerika weitverbreitete Waldpflanze, die an schattigen Standorten zu finden ist. Typisch für den Waldklee sind nicht nur seine dreigliedrigen Kleeblätter; den Waldklee erkennt man an den weißen, schirmförmigen Blüten.

Der Waldklee zeigt dem Förster an, ob er mit Regen rechnen kann.

Wie verhält sich der Waldklee, wenn Regen droht? Er faltet die Blätter zusammen und stellt die Blattstiele aufrecht. Auf diese Weise trifft der Regen kaum auf die Blät-

ter – und wenn, dann läuft er senkrecht ab und transportiert das Wasser direkt zu den Wurzeln. Zugleich schließt der Waldklee auch seine Blüten.
Doch Vorsicht: Auch wenn es sehr heiß ist, kann man diese Phänomene beim Waldklee beobachten. Wieso das? In der Hitze gilt es, möglichst wenig Wasser durch Verdunstung zu verlieren. Eine gute Methode ist, die Blätter eng an den Stiel anzulegen. Deshalb sollte man sich nicht allzu sehr auf diese Bauernregel verlassen.

Fichten als Wetterboten

Regnet es oder bleibt es schön? Wer sich im Wald umschaut, findet bei einigen Pflanzen eindeutige Hinweise, z. B. bei den **Fichten**. Fichten gehören zu den häufigsten Baumarten in Deutschland; mehr als ein Viertel der Bäume sind Fichten – und das, obwohl diese eigentlich nicht zu den Baumarten gehören, die in unseren Breiten heimisch sind. Die Fichte ist – neben der Kiefer – der typische Nadelbaum für niederschlagsreiche Regionen in Skandinavien und Sibirien. Die Fichte mag es also feucht und kalt. Das ist auch der Grund, warum viele Fichten in unseren Breiten unter Stress leiden – es wird ihnen, auch im Zug des Klimawandels, zu warm.
Aus diesem Grund werden viele reine Fichtenwälder nach und nach zu Mischwäldern umgestaltet. Buchen und andere Laubbäume sind für unser Klima mit zunehmender Hitze und Trockenheit besser geeignet; sie sind dadurch auch nicht so anfällig für Krankheiten und Schädlinge wie etwa die Fichte, die leicht Opfer des Borkenkäfers werden kann.
Wie reagiert die Fichte auf Hitze und Trockenheit? Sie schließt ihre Spaltöffnungen, um die Verdunstung zu drosseln, und lässt die Zweige hängen. Sobald jedoch feuchte Luft im Anmarsch ist – oft ein Vorbote von Regen – richten sich die Zweige wieder auf.

**Wenn der Fichte Zweigspitzen sich nach oben aufrichten,
sich am Himmel gewiss die Wolken verdichten.**

Baumzapfen als Wetterboten

Diese Eigenschaft der Fichte kann man praktisch nutzen und sich ein **„Fichtenbarometer“** bauen.

Einfach einen Fichtenzweig vom Baum abschneiden und mit dem hinteren Ende waagrecht an die Wand der Laube oder an einen anderen geschützten Ort anbringen. Wichtig ist, dass der Fichtenzweig sich ungehindert auf und ab bewegen kann.

Das Ergebnis: Ist das Wetter trocken, zeigt der Zweig nach oben. Zeigt der Zweig nach unten, dann ist schlechtes, regnerisches Wetter in Aussicht. Wer mag, kann das „Barometer“ mit Wettersymbolen ausgestalten.

Stichwort „Bauern“: Bei einigen Bauernhäusern kann man heute noch Fichtenzweige an Stalltüren sehen. Sie sind nicht nur dekorativ, sondern haben einen echten Nutzen. Und das über viele Jahre – Fichtenholz reagiert auch in getrocknetem Zustand auf Feuchtigkeit.

Doch was heißt hier Barometer? Streng genommen handelt es sich um ein Hygrometer, ein Hilfsmittel, das die Feuchtigkeit in der Luft anzeigt. Ein Barometer ist ein Gerät, mit dem man den Luftdruck bestimmt.

Wenn der Zapfen seine Schuppen schließt,
der Himmel bald die Blumen gießt.

Öffnen die Kiefernzapfen ihre Schuppen weit,
hat der Wind keinen Regen im Geleit.

Das gilt nicht nur für Kiefern, sondern auch für Tannen und Fichten. Bei den Kiefern mit den eiförmigen Zapfen, die die Schuppen sehr weit abspreizen, sieht man es am besten. Nur warum verändern sich die Zapfen mit dem Wetter? Der „Zapfenmechanismus" verhindert so, dass die Samen, die in den Zapfen stecken, bei Regen herausfallen. Oder, anders ausgedrückt: Die Zapfen sind so angelegt, dass sich die Samen nur bei Sonne und trockenem Wind lösen können. Der Vorteil liegt auf der Hand: Wenn es trocken und windig ist, können sich die Samen, die zudem mit einem kleinen Blättchen ausgestattet sind, viel besser verbreiten als bei Regen. Später, wenn es einmal regnet, keimen sie dann ein Stück entfernt von dem Baum, von dem sie stammen, und tragen damit zur Verbreitung der Art bei.

Ein „Zapfenbarometer", oder, richtig ausgedrückt, ein Zapfenhygrometer, kann man leicht selbst bauen. Ideal dafür ist ein Kiefernzapfen. Einfach ein Stück Strohhalm über eine Zapfenschuppe stülpen. Den Zapfen mit dem Strohhalm auf das Fensterbrett stellen, dahinter ein Blatt Papier. Auf dem Papier wird nun der Stand des Strohhalms und das aktuelle Wetter vermerkt, also Regen oder Sonnenschein und trockenes Wetter. Sobald sich das Wetter ändert, bewegt sich der Strohhalmzeiger – je nach Wetterverlauf – nach oben oder unten.

Die Blumenuhr

✦ Auf dem Land trug man früher keine Uhr bei sich. Wenn man wissen wollte, wie spät es ist, orientierte man sich an der Kirchturmuhr, und wenn diese nicht zu sehen war, am Glockenschlag. Eine weitere Richtschnur war die Natur – viele Blumen öffnen und schließen ihre Blüten zu bestimmten Zeiten.

Im 18. Jahrhundert entwarf der schwedische Botaniker Carl von Linné (1707–1778) auf der Basis dieser Erkenntnis die sogenannte Blumenuhr.

Er bepflanzte ein kreisförmiges Beet mit verschiedenen Blumen, deren Blüten sich zu bestimmten Zeiten öffnen und schließen. Doch die Blumenuhr „funktioniert" nicht überall und immer exakt – das Klima, die Sonnenscheindauer und weitere Faktoren spielen eine Rolle, wann sich Blüten öffnen und wieder schließen. Besonders wichtig ist dabei die Bestäubung. Erst vor Kurzem haben Wissenschaftler herausgefunden, dass sich die Blüten zu der üblichen Uhrzeit nur dann schließen, wenn sie vorher von Bienen oder anderen Bestäubern besucht wurden. Fehlen die Insekten für die Bestäubung und damit für die Fortpflanzung, bleiben die Blüten länger offen. Die Blumenuhr geht dann „nach".

Hier eine Übersicht für Pflanzen, die man in Form einer Blumenuhr auch zu Hause, im eigenen Garten, anlegen kann.

Zeitleiste	Öffnungszeiten der Blüten	Schließzeiten der Blüten
03:00 Uhr	Wiesenbocksbart	
04:00 Uhr	Gemeine Wegwarte	
05:00 Uhr	Kürbis Mohn Wegwarte	
06:00 Uhr	Zaunwinde	
07:00 Uhr	Seerose, Huflattich, Frauenmantel	
08:00 Uhr	Sumpfdotterblume	
09:00 Uhr	Enzian, Margerite	
10:00 Uhr	Sauerklee	
11:00 Uhr	Kohl-Gänsedistel	
12:00 Uhr	Mittagsblume	Wiesenbocksbart, Wegwarte
13:00 Uhr		
14:00 Uhr		Kohl-Gänsedistel
15:00 Uhr		Kürbis
16:00 Uhr	Wunderblume	Sauerklee, Huflattich, Zaunwinde

17:00 Uhr		Seerose, Mittagsblume
18:00 Uhr	Taglilie	Mohn, Margerite
19:00 Uhr	Echtes Geißblatt, Acker-Lichtnelke, Königin der Nacht	
20:00 Uhr	Nachtkerze	
21:00 Uhr		Sumpfdotterblume, Taglilie, Echtes Geißblatt
22:00 Uhr		Nachtkerze, Acker-Lichtnelke
23:00 Uhr		
24:00 Uhr		Königin der Nacht

Ein Pilz für die Wettervorhersage

✦ Ganz ähnlich wie bei den Zapfen zeigt ein Pilz, der bezeichnenderweise Wetterstern genannt wird, Regenwetter an:

Öffnet sich der Wetterstern,
ist Regenwetter nicht mehr fern.

Der **Wetterstern** ist ein Bodenpilz, der in Symbiose mit den Wurzeln von Waldbäumen – v. a. mit Kiefern – lebt. Er kommt, wie die Kiefern, auf trockeneren, meist sandigen Standorten vor. Der namensgebende „Stern" des Wettersterns ist sein

Fruchtkörper, der die Sporen für die Fortpflanzung enthält. Und genau darum geht es! Eigentlich ist der Wetterstern eine Kugel, als solche wächst er aus dem Boden heraus. Dabei teilt er sich in zwei äußere Schichten. Ist es draußen feucht und Regen zu erwarten, dann platzt die äußere Schicht förmlich auf und bildet den gezackten Stern – daher auch der Name. In der Mitte sitzt die Kugel, sie ist der Sporenbehälter. Fällt nun Regen auf den Sporenbehälter, dann bläst er die Sporen aus, damit sie sich im Umkreis verteilen.

So gesehen ist die sternförmige Hülle ein Schutz des Sporenbehälters. Entsprechend reagiert der Wetterstern bei Trockenheit – dann schließt sich der Stern wieder und bildet eine Kugel.

Der Wetterstern, der 2005 zum Pilz des Jahres gekürt wurde, kommt besonders häufig in Süddeutschland vor. Wer einen solchen Pilz sieht, sollte genau hinschauen – er kann leicht mit Erdsternen verwechselt werden. Charakteristisch ist – neben der Wetterreaktion des Wettersterns – das leopardenfellartige Muster der Sternzacken.

Wo Pilze sind, ist das Moos meist nicht weit und damit ein weiterer Wetterprophet aus dem Pflanzenreich!

**Wenn das Wettermoos sich dreht,
bald Regen einzusetzen pflegt.**

Das **Drehmoos**, völlig zu Recht auch als wetteranzeigendes Drehmoos bekannt, ist ein Wetteranzeiger im Kleinstformat.

Bauernregel zum Schmunzeln

**Wälzt das Schwein sich in den Lachen,
so brauchst du's ihm nicht nachzumachen.**

Tiere als Schönwetterboten

✦ „Gutes" Wetter heißt für uns Menschen in der Regel viel Sonne ohne Niederschläge. Bei den Tieren liegt die Sache ein wenig anders: Für Amphibien wie Frösche und Lurche kann lang anhaltendes trockenes Wetter sehr gefährlich werden – sie trocknen aus. Die meisten Vögel dagegen schätzen Trockenheit. Egal, ob gut oder weniger gut für die Tiere – fest steht, dass viele Tierarten auf Wetterphänomene lange im Voraus reagieren.

Sitzt der Frosch auf der Leiter, geht's mit schönem Wetter weiter.

Diese Regel darf man nicht wörtlich nehmen, auch wenn viele **Laubfrösche** in Einmachgläsern mit einer Leiter darin als Haustiere gehalten wurden. Doch das entspricht nicht der Lebensweise der Frösche, und man kann schon gar nicht aus der Position des Frosches das kommende Wetter ablesen.
Umso besser funktioniert es in der Natur! Laubfrösche klettern als einzige heimische Amphibienart an Bäumen und Gebäuden empor. Sie haben, wie auf S. 105 bereits erwähnt, eine sehr empfindliche Haut, mit der sie sehr geringe Feuchtigkeitsschwankungen wahrnehmen können. Sinkt die Luftfeuchtigkeit, dann klettern sie die Bäume hoch hinauf, also dorthin, wo sich ihre Beute, die Insekten, aufhalten. Bei sinkendem Luftdruck und bei Wind klettern Laubfrösche wieder zurück auf den Boden. Um ihren Körper vor dem Austrocknen zu schützen, verstecken sie sich im Laub und im Gebüsch.

Entsprechendes gilt für den **Salamander**, der, wie der Frosch, zu den Amphibien gehört. Amphibien leben im Wasser und im Trockenen. Sie brauchen jedoch immer eine feuchte Umgebung. Wie Frösche ernähren sich Salamander von Insekten.

**Wenn der Salamander bergauf steigt,
wird schönes Wetter.**

Stichwort Insekten: **Schwalben** sind – wie Laubfrösche – Insektenfresser. Und wie sie folgen sie ihrer Beute und werden dabei ebenso zu Wetterboten.

**Wenn die Schwalben hoch am Himmel kreisen,
sie weiter auf schönes Wetter hinweisen.
Doch fliegen sie am Boden tief,
dann hängt der Wettersegen schief.**

**Wenn die Schwalben fischen,
gibt es ein Gewitter.**

Bei sonnigem Hochdruckwetter werden Insekten mit der Thermik in die Höhe gewirbelt. Dorthin folgen ihnen die Schwalben bei ihrer Futtersuche. Fliegen die Schwalben also hoch, dann ist das ein Zeichen, dass das Schönwetter anhält. Sobald die Schwalben aber tiefer fliegen, ist das ein Anzeichen, dass die warmen Winde fehlen. Ein Tiefdruckgebiet mit Regen kündigt sich an.

Katzen lecken sich nur, um das Fell zu pflegen? Nein, das ist nicht der einzige Grund! Zumindest, wenn das Wetter gut ist.

**Schleckt nachts die Katze sich übers Fell,
naht schlechtes Wetter nicht so schnell.**

Die Elektrostatik ist der Schlüssel zur Bauernregel. Bei schönem Wetter ist die relative Luftfeuchte niedrig. Wenn die Katze andere Gegenstände berührt, sich an Stuhlbeinen reibt oder an Türpfosten entlangstreift, können sich Katzenhaare leicht elektrisch aufladen, die Katze ist positiv geladen. Was bewirkt das Lecken? Es führt dazu, dass sich die Leitfähigkeit des Fells erhöht und die unangenehme Ladung leichter abfließen kann.
Das erklärt auch, warum sich viele Katzen im kalten Winter nicht gerne streicheln lassen, v. a. nicht drinnen, wenn die Raumluft trocken ist. Beim Streicheln kann die Ladung in kleinen Funken überspringen – kein schönes Erlebnis für Katze und Katzenfreund!

Eine Bauernregel fasst die „Leistungen" der Tiere als Wetterpropheten für gutes Wetter sehr gut zusammen:

**Wenn die Kälber munter springen,
Lerchen sich zum Himmel schwingen,
Salamander aufwärts steigen,
Spinnen sich im Netze zeigen,
Kiebitzvögel tief bewegen,
gibt es sicher keinen Regen.**

Pflanzen als Schönwetterboten

✦ Darüber hinaus sind einige Blumenarten dafür bekannt, dass sie länger anhaltendes, sonniges Wetter anzeigen.
Eine der bekanntesten „Wetterblumen“ ist die **Wegwarte**. Sie gedeiht an Böschungen und Wegrändern – daher auch der Name – und kommt auf kargen Böden sehr gut zurecht. Im Mittelalter nutzte man sie als Heilpflanze. Doch die Wegwarte kann noch viel mehr:

Hält die Wegwarte deinen Blicken nicht stand,
droht Regen der Stadt und dem Land.

Kannst du in die Augen der Wegwarte schauen,
kannst du auf anhaltend Schönwetter bauen.

Offen oder geschlossen? Wie sich die Blüten verhalten, hängt nicht nur vom Wetter ab. Die Blüten der Wegwarte orientieren sich an der Strahlungsintensität der Sonne. Diese Intensität variiert nicht nur mit dem Wetter, sondern auch mit dem Stand der Sonne im Verlauf der Tageszeit. In unseren Breiten schließt die Wegwarte – egal, ob Regen droht oder nicht – bereits am frühen Nachmittag ihre Blüten. Früher, als Armband- oder Taschenuhren keine Selbstverständlichkeit waren, schaute man auf die Blüten der Wegwarte und wusste, welche Stunde geschlagen hat.

Doch zurück zu den Bauernregeln: Vorsicht bei der Wegwarte am Nachmittag – in diesen Stunden hat sie als Wetterprophetin keine Aussagekraft mehr.

Reckt die Ackerwinde ihre Blüten zum Sonnenlicht, mit schönem Wetter der Himmel nicht bricht.

Ganz ähnlich verhält es sich bei der **Ackerwinde**, die, wie der Name andeutet, als „Unkraut" auf Äckern gedeiht, und dabei jedes Jahr wieder neu austreibt. Die Ackerwinde öffnet bei gutem Wetter bereits zwischen sieben und acht Uhr ihre Blüten – wenige Stunden später ist sie bereits verblüht. Deshalb ist sie, wie die Wegwarte, nur vormittags eine gute Zeigerpflanze für das Wetter der kommenden Stunden.

Wenn das Springkraut beginnt, seine Samen zu streuen, wird Frau Sonne gewiss uns morgen erfreuen.

Das **Springkraut**, das heute an vielen Stellen – an Waldrändern, in Gärten und entlang von Flüssen – zu finden ist, ist ein Einwanderer aus dem Himalaja. Es ist das sogenannte drüsige Springkraut, das der heimischen Sorte mehr und mehr Konkurrenz macht. Der Grund ist seine Methode, seine Samen zu verteilen, und die Menge der Samen.

Das Springkraut gehört zu den Saftdruckstreuern. Was ist damit gemeint? Wenn ihre Samen reifen, wird der Druck in den Zellen größer. Wird bei den Fruchtwänden, die die Samen umschließen, der Druck schließlich zu groß, platzen sie auf und schleudern ihre Samen in die Luft – pro Pflanze nicht weniger als 2.000 bis 4.000 Stück! Doch was hat das mit dem Wetter zu tun?

Die Samen reifen erst aus, wenn das Wetter sonnig und trocken ist, und zwar über eine längere Zeit. Dass das Wetter so bleibt, wie es ist, liegt bei einer Wahrscheinlichkeit von 55 Prozent – man spricht in diesem Zusammenhang von Erhaltungsneigung. Fangen also die Springkrautpflanzen an, ihre Samen zu verstreuen, dann werden sie das auch am nächsten und übernächsten Tag fortsetzen – vorausgesetzt, das Wetter hält sich an die Erhaltungsneigung.
Für die Bienen bietet das Springkraut jede Menge wertvolles Futter – deshalb wurde es auch von Imkern als Bienenweide angebaut. Doch die Pflanze hat auch Nachteile: Sie breitet sich rasant aus und verdrängt andere Pflanzen. Dabei ist sie einjährig und verrottet nach dem ersten Frost. Das schließt auch die Wurzeln mit ein – sie geben der Erde den Winter über keinen Halt. In Hanglagen kann die Erde dann leicht ausgewaschen werden.

Ein Wetterumschwung kommt!

✦ Wenn Pflanzen und Tiere Verhaltensweisen zeigen, die auf Regen hindeuten, kann das auch ein Zeichen dafür sein, dass der Wetterwechsel heftig ausfällt: Unwetter, d. h. ein rascher Wetterumschwung, verbunden mit Sturm und oft auch einem Temperatursturz. Wie stark er sein wird, darüber gibt ihr Verhalten in der Regel keine Auskunft.

Ein wenig anders ist es bei den **Möwen**:

Wenn die Möwen vom Land der Küste wegziehen, sie erschöpft vor nahendem Unwetter fliehen.

Unwettern an der Küste geht oft ein heftiger Wetterumschwung mit Windböen und Regen über der See voraus. Unter solchen Bedingungen ist es schwierig zu fliegen

– auch für die fluggewandten Möwen, die über dem Meer keine Rastplätze finden. Um sich in Sicherheit zu bringen, fliegen sie dem Unwetter, das später über das Land zieht, voraus und bringen sich dort in Sicherheit.
An Land sollte man auf das Gezwitscher der **Singvögel** hören.

Wenn die Pirole Spektakel machen,
wird nicht mehr lang die Sonne lachen.
Dann ziehen bald dunkle Wolken auf,
Gewitter folgt und Regen drauf.

Morgens lauter Finkenschlag,
hundert Regen für den Tag.

Wenn's Sturm gibt, schreien die Gimpel.

Pirol, Buchfink, Zaunkönig, Regenpfeifer und die Amsel machen sich vor einem Schlechtwettereinbruch, der oft mit einem Gewitter verbunden ist, mit lautem Pfeifen und Zwitschern bemerkbar. Auch der Specht wird besonders aktiv und klopft auf Baumstämme. Die Amsel gilt als der Regenvogel schlechthin.

Wenn die Amseln laut flöten nach langem Schweigen,
wollen sie Sturm und Regen anzeigen.

Die Amsel ist für ihren melodiösen „Gesang“ am Abend und am Morgen bekannt. Wenn Amseln zu ungewöhnlichen Zeiten besonders laut flöten, kann man mit Gewitter und anhaltend schlechtem Wetter rechnen.

Wer in den Bergen von Hütte zu Hütte unterwegs ist, sollte ein Auge auf die **Dohlen** werfen.

Kreisen die Dohlen in der Luft, kommt Wind.

Kreisen Dohlen um den Turm, gibt es Wind und Sturm.

Wie „wissen" Vögel im Voraus von dem Wetterumschwung? Vögel reagieren sehr sensibel auf Luftdruckschwankungen und die Lichtintensität des Sonnenscheins. Diese Umweltfaktoren ändern sich, bevor es zu einem rapiden Wetterumschwung kommt. Die Vögel reagieren darauf lange, bevor wir Menschen etwas davon spüren bzw. bevor das Gewitter und der Regen eintreffen.

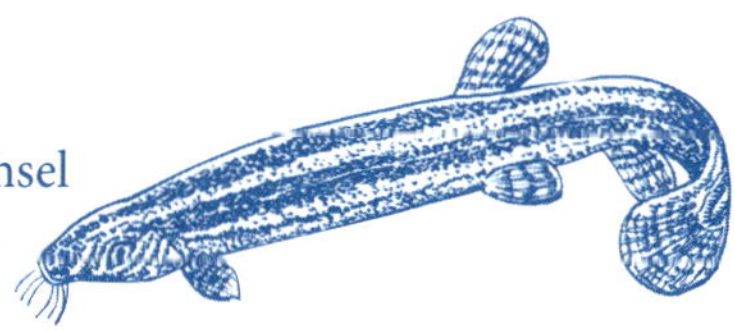

Doch nicht nur Vögel bemerken heftige Wetterwechsel lange im Voraus. Ein wichtiger Wetterprophet für die Bauern war früher ein Fisch, der **Schlammpeizger**.

Schießt der Schlammpeizger wie ein Pfeil umher, drohen Gewitter und Sturmwind schwer.

Der Schlammpeizger ist ein Exot unter den heimischen Fischarten, der inzwischen vom Aussterben bedroht ist. Sein Lebensraum sind Wassergräben und flache Tümpel. Dort hält er sich tagsüber zwischen Wasserpflanzen, Wurzeln und im Schlamm verborgen; nachts wird er aktiv und geht auf Nahrungssuche. Seit rund 200 Jahren werden Gräben, Rinnen und Flussauen trocken gelegt oder verbaut. Damit ist der

Lebensraum dieser Tierart sehr eingeschränkt. Der Schlammpeizger ist in vielerlei Hinsicht ein außergewöhnlicher Fisch: Er atmet nicht nur über die Kiemen, sondern auch über den Darm und durch die Haut. Damit kann er sogar längere Trockenzeiten überleben.
Seit mehreren Jahrhunderten gilt er als „Wetterfisch". Das hat seinen guten Grund: Vor einem Gewitter, wenn in den Tümpeln und Rinnen das Wasser verdunstet, entweicht auch viel Sauerstoff. Dann muss der Schlammpeizger durch den Darm atmen, d. h. mit dem Maul nach Luft schnappen. Dazu springt er aus seinem Versteck und nimmt Luft auf.

Fische als Wetterboten im Glas

✦ Früher, als es noch kein Barometer gab, das Luftdruckschwankungen, die einem Wetterumschwung vorausgehen, anzeigte, hielt man sich Schlammpeizger zu Hause in einem großen Glas:
Der Naturforscher Johann Matthäus Bechstein (1757–1822) schreibt in seiner „Naturgeschichte der Stubenthiere", die erstmals im Jahr 1797 erschien, u. a. Folgendes über den Schlammpeizger alias Wetterfisch: „Bey bevorstehendem Regen oder Gewitter wird er allemal unruhig, macht das Wasser trübe und kommt auf die Oberfläche desselben, da er sonst immer tief unten auf dem Boden sitzt. Man hat ihn daher schon lange als ein beliebiges Wasserglas gehalten, indem man ihn in ein großes Zuckerglas thut, das etwa den 3. Theil mit Schlamm und Sand aufgefüllt ist." Die hier beschriebene hohe Sensibilität gegenüber Wetterveränderungen und v. a. Gewitter beruht auf der Fähigkeit, schon geringste Luftdruckschwankungen wahrnehmen zu können.

Wind und Wetter in
den Bauernregeln

Unser Klima – wechselhaft und windig

„Der Wind macht das Wetter“, heißt es in einem geflügelten Wort. Doch woher kommt der Wind? Das Wettergeschehen in unseren Breiten wird von vielen Faktoren bestimmt, und zwar von der

- geografischen Breite,
- Verteilung von Wasser- und Landmassen,
- Meeresströmungen,
- Topografie, d. h. der Erdoberfläche und der Lage eines Ortes,
- Vegetation wie etwa Wäldern oder Sumpflandschaften.

Insgesamt befinden wir uns in Mitteleuropa in einer feucht-gemäßigten Klimazone – es ist weder sehr kalt noch sehr heiß, aber immer verhältnismäßig feucht. Trockenheit, verbunden mit Wasserknappheit ist in Mitteleuropa eine große Ausnahme. „Feucht-gemäßigt“ – das klingt nach ausgeglichen. Doch so ist es nicht. Das Wetter in Mitteleuropa ist sehr wechselhaft. Warum?
Immer wieder treffen über Mitteleuropa subtropische Luftmassen mit polarer Kaltluft zusammen. Insgesamt wird das Wetter durch Hoch- und Tiefdruckgebiete, die sich im Verlauf des Jahres als wetterbestimmende Faktoren immer wieder abwechseln, geprägt. In der Wettervorhersage kann man verfolgen, wie ein Hochdruckgebiet einem Tiefdruckgebiet über Mitteleuropa folgt und umgekehrt.

Hoch- und Tiefdruckgebiete

✦ Wer auf die Wetterkarte schaut, sieht große Gebiete, die mehrfach eingekreist sind – in der Mitte steht jeweils ein H bzw. ein T. Diese Darstellung zeigt an, wo sich gerade ein Hoch- bzw. ein Tiefdruckgebiet befindet, und kennzeichnet dabei auch das Zentrum des jeweiligen Gebietes.

Dabei assoziieren wir mit „Hoch“ schönes, sonniges Wetter, mit „Tief“ kühl-regnerisches, wechselhaftes Wetter.
Wie entstehen die unterschiedlichen Druckverhältnisse in der Luft? Ein Tiefdruckgebiet entsteht über warmen Flächen. Wie das? Die Sonne scheint auf die Fläche und erwärmt sie. Die Luft steigt dadurch auf, gleichzeitig sinkt am Boden der Luftdruck. In Mitteleuropa liegt der Druck eines Tiefs für gewöhnlich bei 990 bis 1000 hPa (Hektopascal) und in Orkantiefs bei 950 bis 970 hPa.

Bei einem Tiefdruckgebiet strömt – anders als bei Hochdruckgebieten – Luft in Bodennähe in das Zentrum des Tiefs – es wird also Luft angesogen. Die Luft, die angesogen wird, strömt in der Höhe wieder aus. Damit ist klar: In einem Tief strömt die Luft von unten nach oben. Während die Luft nach oben strömt, kühlt sie sich ab und wird feuchter Regen ist die Folge.
Doch hier gibt es etwas zu beachten: Die Luft strömt nicht gleichmäßig und ruhig, sondern in einem Winkel von 10 bis 20 Grad. Die Ursache liegt in der Drehung der Erde um die eigene Achse.
Ein Hochdruckgebiet ist ein Gebiet, in dem der Luftdruck höher ist als in seiner Umgebung. Der mittlere Luftdruck liegt bei 1,013 bar = 1013 mbar (Millibar) = 1013 hPa (Hektopascal) – in einem Hochdruckgebiet ist der Druck höher als 1013 Millibar. Unterschiedliche Druckverhältnisse haben zur Folge, dass zwischen den Luftmassen ein Ausgleich stattfindet. Dabei strömt Luft aus dem Hochdruckgebiet nach außen, also dorthin, wo der Luftdruck niedriger ist.
Wie bei einem Tiefdruckgebiet strömt auch hier die Luft nicht gleichmäßig und ruhig, sondern in einem Winkel von 10 bis 20 Grad im Uhrzeigersinn aus höheren Schichten nach. Warum strömt die Luft nicht gleichmäßig nach? Die Ursache ist die

Corioliskraft. Die Corioliskraft ist eine Folge der Rotation der Erdkugel. Sie bewirkt, dass sich auf der Nordhalbkugel außertropische Tiefdruckgebiete gegen den Uhrzeigersinn drehen und Hochdruckgebiete im Uhrzeigersinn.
Die Luft erwärmt sich, wobei die Luftfeuchtigkeit gering ist, Wolken lösen sich auf – das Wetter wird sonnig und schön.

	Tiefdruckgebiet	Hochdruckgebiet
Luftzirkulation	Luft steigt auf	Luft sinkt ab
Auswirkungen	Luftdruck sinkt	Luftdruck steigt
	Abkühlung der Luft: Temperatur sinkt	Erwärmung der Luft: Temperatur steigt
	Feuchtigkeit in der Luft kondensiert	Wolken lösen sich auf
Wetterentwicklung	„schlechtes" Wetter: Regen	„gutes" Wetter: Sonnenschein

Ein Hochdruckgebiet kann sich sehr weit ausdehnen: Es kommt immer wieder vor, dass das Wetter in ganz Europa von einem Hoch beeinflusst wird. Mit einem Hoch verbinden wir ein Wetter, das uns im wahrsten Sinn des Wortes in Hochstimmung versetzt: Sonnenschein, kaum Wind, wolkenloser Himmel. Dabei wird oft übersehen, dass ein Hoch im Sommer eine andere Ausprägung hat als im Winter. Hier die Unterschiede:

	Hochdruckgebiet im Sommer	Hochdruckgebiet im Winter
Wettergeschehen	Lange Sonneneinstrahlung tagsüber. Kurze Ausstrahlung in der Nacht bewirken eine …	Kurze Sonneneinstrahlung tagsüber. Lange Ausstrahlung in der Nacht bewirken eine …
Auswirkung	… stetige Erwärmung	… stetige Abkühlung

	Warmluft steigt auf und es bilden sich Gewitter mit Regen. Daraus ergibt sich eine …	Luftmassen zirkulieren kaum …
Wetterlage	… stabile Hochdruckwetterlage	… stabile Hochdruckwetterlage

Hochs und Tiefs greifen ineinander

Aufgrund der Corioliskraft strömt die Luft in einem Tiefdruckgebiet auf der Nordhalbkugel entgegen dem Uhrzeigersinn, Hochdruckgebiete strömen mit dem Uhrzeigersinn. Auf diese Weise greifen Hochs und Tiefs wie Zahnräder ineinander und transportieren dazwischen Luftmassen. Diese doppelte Rotationsbewegung bewirkt u. a., dass an der Ostflanke eines Tiefs und an der Westflanke eines Hochs warme Luft nach Norden transportiert wird. Entsprechend bringt die Westflanke eines Tiefs und die Ostflanke eines Hochs kalte Luft nach Süden.

Dabei gilt: Je höher das Druckgefälle zwischen Hoch- und Tiefdruckgebiet, desto stärker ist der Wind.

Der Wind macht das Wetter

✦ Wenn vom Wind die Rede ist, dann stellt sich fast automatisch die Frage, aus welcher Richtung er weht. Denn eines ist klar – weiß man, aus welcher Richtung der Wind kommt, dann weiß man schon viel über die zukünftige Wetterentwicklung.

Das Wetter erkennt man am Winde
wie den Herrn am Gesinde.

Woher und wie stark weht der Wind? Die Windrichtung und Windgeschwindigkeit kann man relativ gut anhand der Wolken feststellen. Am besten gelingt es natürlich, wenn man feste Punkte am Boden hat, an denen man die Bewegung der Wolken ablesen kann, z. B. Berge oder andere Erhebungen.
Wenn sich starke, ausgedehnte Hoch- bzw. Tiefdruckzonen in Mitteleuropa festsetzen, dann strömen Luftmassen aus weit entfernten Regionen zu uns. Die Luft, die sie mitbringen, bestimmt das Wettergeschehen und nicht zuletzt auch die Temperatur.

Windrichtung	Ursprung	Luftmasse	Eigenschaften
West, Nordwest	nördlicher Atlantik, Nordmeer	maritime Polarluft	Sommer: kühl, Winter: mäßig kalt, Niederschläge als Regen oder Schnee
Osten, Nordost, Südost	Skandinavien, Russland, Balkan	kontinentale Polarluft	Sommer: warm und trocken, Winter: sehr kalt und trocken
Süden, Südwest	Atlantik auf der Höhe der Azoren, Mittelmeer	maritime subtropische Luft	Sommer: schwülwarm mit großer Gewitterneigung, Winter: mild, Niederschläge
Südost	Balkan	kontinentale subtropische Luft	Sommer: heiß und trocken, Winter: nicht vorhanden

Bei der Temperatur, die die Luftmassen mit sich führen, gibt es große Unterschiede zwischen Sommer und Winter:

- Im Sommer ist es mittags bei Ost- und Südostwind am wärmsten, Westwinde sorgen für Abkühlung.
- Im Winter bringen – wie auch im Sommer – Winde aus Süden Wärme. Weht jedoch der Wind aus Osten, dann wird es im Winter kalt.

Das spiegeln auch die Bauernregeln wider, die Wettererfahrungen für den Winter bzw. Sommer formulieren:

**Mit Ostwind
Schönwetter beginnt.**

**Weht's aus Ost bei Vollmondschein,
stellt sich strenge Kälte ein.**
(Winterregel)

**Ostwind bringt Heuwetter, Westwind Krautwetter,
Südwind Hagelwetter, Nordwind Hundewetter.**
(Sommerregel)

Grundsätzlich gelten folgende Temperatur- und Niederschlagstrends:

Polare Luft, d. h. Luft aus dem Norden, ist zu jeder Jahreszeit kühl. Weht der Wind also von Norden, steht eine Abkühlung bevor. Süd- und Südwestwind bringen ganzjährig warme Luft zu uns. Westwind kommt vom Atlantik und ist deswegen feucht. Er bringt also das ganze Jahr über Niederschläge. Ostwind entsteht über dem riesigen asiatischen Kontinent und ist deswegen trocken. Niederschläge sind bei Ostwind kaum zu erwarten.

**Der Nordwind ist ein rauer Vetter,
doch er bringt beständig Wetter.**

Wenn der Wind aus Norden weht, freundliches Wetter in Aussicht steht.

Nordwind ist zu jeder Jahreszeit kühl – wenn der Wind aus Nordwest kommt, dann hat er Feuchtigkeit im Gepäck: Nasskaltes Schmuddelwetter ist angesagt. Der Nordwind erzeugt nebenbei eine Großwetterlage, die in der Folge Luft aus dem Nordosten bringt. Diese Winde, die Luft von der Landmasse über Finnland und der Kola-Halbinsel in Russland transportieren, sind trocken. Im Winter bedeutet das über einen längeren Zeitraum klirrende Kälte. Im Sommer dagegen, wenn der Himmel wolkenlos ist und die Sonne die Erde erwärmt, steht sonnigen Ausflügen nichts im Weg.

Während Nordwind bereits in den Bauernregeln für Beständigkeit beim Wetter sorgt, steht der Westwind für Wetterwechsel:

Oft gibt der West schönem Wetter den Rest.

Westliche Winde bringen feuchte Luft vom Atlantik zu uns, Regenwetter mit oft heftigem Wind steht bevor. Ganz ähnlich drückt es folgende Bauernregel aus:

Wind vom Sinken der Sonn ist mit Regen verbündet, Wind vom Steigen der Sonn uns gut Wetter verkündet.

Dabei bezeichnet „Wind vom Sinken der Sonne“ Westwind, „Wind vom Steigen der Sonne“ Ostwind. Ganz ähnlich drückt es die folgende Bauernregel aus:

Wind von Sonnenaufgang ist schönen Wetters Anfang.
Wind von Sonnenuntergang ist Regen Anfang.

Ostwind, der von den Landmassen des Balkans und Russlands nach Mitteleuropa kommt, ist zu jeder Jahreszeit trocken und daher gerade zur Zeit der Heu- und Getreideernte sehr erwünscht. Ostwind, der im Sommer mit meist warmen Temperaturen verbunden ist, sorgt dafür, dass das Gras beim Heumachen und das Getreide bei der Ernte trocken sind.

Föhn – ein warmer Wind, der sonniges und trockenes Wetter garantiert

Eine Besonderheit sind Föhnwinde. Die meisten kennen den Begriff Föhn v. a. in Zusammenhang mit den Alpen. Doch das Phänomen des Föhnwindes kann man bei Gebirgen in vielen Teilen der Welt beobachten.

Wie entsteht Föhn? Obwohl das Phänomen seit langer Zeit bekannt ist, sind sich die Wissenschaftler nicht vollkommen darüber einig. Eine weitverbreitete Erklärung ist die folgende: Südwind bringt feuchte Luft zu den Alpen. Diese feuchte Luft regnet sich auf der Alpensüdseite ab, steigt auf, überquert die Alpen und sorgt als Fallwind auf der Alpennordseite für trockenes, warmes Wetter. Woher kommt die Wärme? Während die Luft nach unten sinkt, erwärmt sie sich – und zwar um ein Grad Celsius pro 100 Meter. Daher ist es auf der Alpennordseite sogar wärmer als auf der Alpensüdseite, also der Gegend, aus der die Luftmassen stammen.

**Solange der Föhn noch weht,
das freundliche Wetter nicht vergeht.**

Umgekehrt gilt aber auch:

**Der Föhn macht das Wetter schön;
wenn er vergohd, fällt er ins Kot.**

Dieser Ausdruck klingt drastischer, als er wirklich ist. Kot bedeutet auch so viel wie „Dreck“. Damit heißt diese Regel: Wenn der Föhn vergeht, dann fällt er in den Dreck. Sprich: Sobald der Föhnwind nachlässt bzw. zum Erliegen kommt, wird es regnen. Der Föhnwind ist damit ein Vorläufer eines Tiefs aus Westen. Dabei wird die warme, trockene Luft von feuchter Meeresluft, Regen und Kälte abgelöst.
Föhnwindwetter dauert meist nur kurze Zeit, etwa zwei bis drei Tage. Doch Föhn ist kein seltenes Phänomen – in Tirol gibt es im Jahr rund 40 Föhntage. Typisch für den Föhnwind sind linsenförmige Wolken.

**Wenn Linsenwolken am Himmel steh'n,
herrscht Föhn.**

Übrigens: Das Phänomen warmer Fallwinde, Föhn genannt, kommt nicht nur in den Alpen vor. Föhnwinde können überall entstehen, wenn feuchte Luft ein Gebirge überquert. Dieses Wetterphänomen wird in den Rocky Mountains „Shinook" genannt, in Südkalifornien „Santa-Ana-Winde“, in Südafrika, im westlichen Vorland der Drakensberge, nennt man ihn ganz einfach „Berg Winds“.

Dabei gilt: Je höher das Gebirge ist, das der Föhnwind überwindet, umso stärker wird der Föhn. Entlang der Alpen ist der Föhn an der Alpennordseite in Österreich, Deutschland und der Schweiz zu spüren. Manchmal sind die Föhnwinde so stark, dass man eine Erwärmung von den Alpen am Bodensee bis in den Schwarzwald beobachten kann.

Föhnwind bewirkt, dass die Luft sehr klar ist. In München, im bayerischen Voralpenland, erscheinen dann die Berge der Alpen oft zum Greifen nah, und das, obwohl sie rund 100 Kilometer, also etwa eine Autostunde entfernt sind.

Bauernregel zum Schmunzeln

**Schönes Wetter bringt Gewinn,
merk dir das in deinem Sinn.**

Tornados – Tiefdruckgebiete mit Sog

Tornados sind Wirbelstürme. Der Begriff stammt aus dem Spanischen und bedeutet „drehend“. Ins Englische übersetzt heißen Tornados „Twister“, was ebenfalls „drehend“ bedeutet.

Tornados entstehen in Gewittern. Dabei steigen große Massen feuchter, warmer Luft auf. Da in der Höhe sehr viel niedrigere Temperaturen herrschen, kondensiert die Feuchtigkeit und eine Gewitterwolke bildet sich. Wenn die Feuchtigkeit kondensiert, wird die in den Wasserpartikeln gespeicherte Wärme frei. Sie erhitzt die Luft in der Höhe. Das führt dazu, dass die Luft in größere Höhen entweicht. Die Gewitterwolke wird nach oben hin immer größer. Wenn die Luft nach oben entweicht, entsteht am Boden ein Sog, der weitere Luft ansaugt. Ein starkes Tiefdruckgebiet entsteht. Wenn zusätzlich zu dem Sog noch Wind von der Seite weht, dann entstehen die gefürchte-

ten Wirbel, die dem Sog einen Drehimpuls geben. Die Luft strömt spiralförmig nach oben – ein Tornado entsteht. Die Drehbewegungen werden immer schneller und es können Windgeschwindigkeiten von bis zu 500 Kilometer/Stunde erreicht werden.
Im Tornado formt die Wolke sich durch die Drehbewegung zu einer Art Schlauch, der zur Erde führt. Wenn dieser Luftschlauch über den Boden fegt, wirbelt er Gegenstände in die Höhe. Je schneller sich die Luft dreht und je größer der Schlauch, desto größer bzw. schwerer sind auch die Gegenstände, die der Tornado in die Höhe reißt.
Die Schäden entstehen jedoch nicht nur, wenn Gegenstände in die Luft gewirbelt werden. Sobald der Tornado nachlässt, stürzt alles wieder zu Boden!
Tornados sind enorm gefährlich, da sie innerhalb kürzester Zeit auftreten können. So sind Schutzvorkehrungen oft kaum möglich.
Hauptsaison für Tornados ist das späte Frühjahr und der Sommer, wenn es warm genug ist, sodass große Mengen feuchter Luft in die Atmosphäre aufsteigen.

Tornadogefahr auch in Deutschland

In Deutschland spricht man weniger von Tornados, sondern vielmehr von Wirbelstürmen und Windhosen. Meteorologen haben herausgefunden, dass Tornados in unseren Breiten gar nicht so selten sind – 50 Tornados werden jedes Jahr als solche identifiziert. Die Tornados sind genauso stark wie in den USA. Deshalb kommt es auch bei uns seit Jahren zu erheblichen Schäden. Im Jahr 1968 verwüstete ein Tornado in Pforzheim und Umgebung mehr als 2.000 Häuser; dabei wurde eine Windgeschwindigkeit von 335 Kilometer/Stunde gemessen. 1979 fegte ein Tornado über eine Strecke von 56 Kilometern über den Süden Brandenburgs. Die Spur seiner Schäden war zwischen 100 und 400 Meter breit. Die Kraft war enorm: Es wurden sogar über zehn Tonnen schwere Mähdrescher durch die Luft gewirbelt!

Wolken und
Niederschläge in
den Bauernregeln

Wolken als Wetterboten

Wie wird das Wetter? Jede Wetteränderung entwickelt sich über einen längeren Zeitraum. Zu den wichtigsten Vorboten für Niederschläge gehören die Wolken – von dort stammen die allermeisten Niederschläge ja auch. Regenwetter kündigt sich lange vor dem Niederschlag v. a. durch die Wolkenbilder an. Es gibt auch Wolkenbilder, die von anhaltend gutem Wetter künden.
Ohne Wolken gibt es – von Tau und Reif abgesehen – keinen Niederschlag. Regen, Schnee, Graupel und Hagel kommen nur vom Himmel, wenn Wolken über uns hinwegziehen. Wolken machen das Wetter, keine Frage. Doch schon die Bauernregeln wissen:

**Es regnet nicht aus allen Wolken,
die am Himmel stehen.**

Warum eigentlich? Und wie kommt es, dass Wolken so unterschiedlich aussehen, grau und weiß, mal fransig und hauchdünn, dann wieder ballonartig wie dicke Kissen?

Wie Wolken entstehen

✦ Eigentlich hat man eher das Gefühl, Sonne und Wolken wären eine Art Gegensatz. Doch das stimmt so nicht: Ohne die Sonne, die die Erde erwärmt, könnten Wolken nicht entstehen. Oder, anders ausgedrückt: Wolken entstehen, wenn die Sonne das Wasser auf der Erde so stark erwärmt, dass es verdunstet.

Ohne Sonne gäbe es keine Wolken. Was wie ein Widerspruch klingt, ist eigentlich ganz einfach: Nur weil die Sonne Wasser auf der Erdoberfläche zum Verdunsten bringt, kann der Wasserdampf entstehen, aus dem die Wolken sind.
Wenn sich Wolken bilden, dann steigt das Wasser mit der warmen Luft nach oben. Warme Gase sind leichter und steigen immer nach oben, dabei ist das gasförmige Wasser zunächst durchsichtig. Die Wolken-„Farbe" erhält es durch die zunehmende Höhe und die Temperatur, die dort herrscht: Doch zunächst kühlt es ab und breitet sich, je höher das gasförmige Wasser aufsteigt, immer weiter aus, da ja der Luftdruck mit der Höhe abnimmt. Erreicht das gasförmige Wasser eine bestimmte Höhe, kondensiert es, d. h. es wird flüssig. Der Wasserdampf wird sichtbar – Wolken entstehen. Bis es dazu kommt, ist – neben der Luftfeuchtigkeit und der Kälte – noch etwas nötig: ein Kondensationskern. Kondensationskerne für Wolken sind Staubteilchen. Nach und nach heften sich immer mehr Wassertröpfchen an die Staubteilchen. Dabei sind die Teilchen immer noch so leicht, dass sie von den Aufwinden in der Höhe gehalten werden. Der Wasserdampf ist also als Wolke am Himmel zu sehen.

Wenn es kälter als null Grad Celsius ist, dann bildet der Wasserdampf an den Staubteilchen Eis- bzw. Schneekristalle. Es gibt sie in vielen verschiedenen Formen – von sternförmigen Gebilden über Nadeln mit kleinen Zacken bis zu quaderförmigen Säulen. Im Sommer tauen die Eiskristalle, wenn sie als Niederschlag auf die Erde kommen, wieder auf, wenn sie durch wärmere Zonen nach unten sinken. Im Winter, wenn die Temperaturen auf der Erde unter null Grad Celsius gesunken sind, kommen sie als Eiskristalle – d. h. Schnee – bei uns an.

Wasserkreislauf für die Wolkenbildung und Niederschläge

Insgesamt gesehen befindet sich das Wasser auf der Erde also in einem ständigen Kreislauf.

- Wasser verdunstet von der Erdoberfläche.
- Es steigt auf und kühlt dabei ab.
- Es kondensiert an Kondensationskernen.

- ✦ Es bilden sich immer größere Wolkentröpfchen bzw. Eiskristalle.
- ✦ Wenn die Aufwinde nicht mehr stark genug sind, die Wolkentröpfchen bzw. Eiskristalle in der Luft zu halten, fallen sie als Niederschlag zu Boden. Dort beginnt der Kreislauf von Neuem.

Was für eine Wolke ist das?

✦ Obwohl Wolken grundsätzlich auf immer dieselbe Art und Weise entstehen, gleicht keine Wolke der anderen. Doch es gibt verschiedene Typen. Je nach Typ beeinflussen sie unser Wetter!
Grundsätzlich unterscheidet man die Wolken nach der Höhe, in der sie vorkommen. Demnach gilt folgende Einteilung:

- ✦ tiefe Wolken (0–2 km)
- ✦ mittelhohe Wolken (2–7 km)
- ✦ hohe Wolken (7–13 km)
- ✦ Wolken mit großer vertikaler Erstreckung, die alle drei Höhenbereiche umfassen

Wolkenart	Höhe	Wolkenart	Form und Entstehung
tiefe Wolken	0–2 km	Stratokumulus, Stratus	Kumuluswolken bilden lockere Massen und haben eine große vertikale Ausdehnung. Stratuswolken werden in Schichten oder zusammenhängenden Massen gebildet.
mittelhohe Wolken	2–7 km	Altokumulus, Altostratus	„Alto“ ist das Präfix für Wolken in mittlerer Höhe. Kumuluswolken bilden lockere Massen und haben eine große vertikale Ausdehnung. Stratuswolken werden in Schichten oder zusammenhängenden Massen gebildet.

hohe Wolken	7–13 km	Zirrus, Zirrokumulus, Zirrostratus	Zirruswolken sind dünn und federartig. Kumuluswolken bilden lockere Massen und haben eine große vertikale Ausdehnung. Stratuswolken werden in Schichten oder zusammenhängenden Massen gebildet.
Wolken, die alle drei Höhenbereiche umfassen		Nimbostratus, Kumulus, Kumulonimbus	Das Präfix „Nimbo-“ und das Suffix „-nimbus“ sagen aus, dass in dieser Wolkenart Niederschlag entsteht. Kumuluswolken bilden lockere Massen und haben eine große vertikale Ausdehnung.

Wohin ziehen die Wolken?

✦ Nicht nur aus der Wolkenform, auch aus der Richtung, in die sie sich bewegen, kann man einiges über das zukünftige Wettergeschehen ablesen.

Ziehen die Wolken dem Wind entgegen,
gibt's am anderen Tage Regen.

Wenn Wind und Wolken sich grüßend begegnen,
fängt's in Bälde an zu regnen.

Diese Bauernregel beschreibt unterschiedliche Windbewegungen in verschiedenen Höhen. Oben, in der Höhe, gibt es keine Reibung mehr und die Winde können sich ungehindert drehen. Man erkennt die unterschiedlichen Bewegungsrichtungen anhand der Wolkenbewegungen: Wolken, die sich in großer Höhe befinden, ziehen in eine andere Richtung als die Wolken in Bodennähe, also Wolken, die vom Bodenwind bewegt werden. Wenn sich dabei der Wind bzw. die Wolken in der Höhe nach rechts drehen, dann kommt Warmluft. Drehen sie sich nach links, kommt Kaltluft. Für beide Windrichtungen gilt: Regen ist angesagt!

Wolken, die schönes, niederschlagsfreies Wetter ankündigen

Weiße Wolken befeuchten die Erde nicht.

Gemeint sind Zirruswolken, die in Höhen von sieben bis 13 Kilometern vorkommen. Sie sind flach und federartig – viel zu leicht also, als dass sie sich abregnen. Zu den genannten „weißen Wolken" gehören auch die Schäfchenwolken, die, wissenschaftlich gesehen, zur Gattung Altokumulus zählen. Sie kommen in mittleren Höhen zwischen zwei und sieben Kilometern vor. Schäfchenwolken entwickeln sich bei Hochdruckwetter, also einer Schönwetterlage.

Schäfchen am Himmel geh'n,
je länger bleibt das Wetter schön.

Wenn Schäfchenwolken am Himmel steh'n,
kann man ohne Schirm spazieren geh'n.

Zeigt sich der Himmel voller weißer Schafe,
legt sich abends der Bauer beruhigt zum Schlafe.

**Schäfchen, die hoch am Himmel weiden,
immer nur gute Tage bedeuten.**

Doch auch hier ist genaues Hinsehen geboten: Wenn Schäfchenwolken dunkel werden und turmartige Fortsätze bilden, dann deutet das darauf hin, dass es in der Luft Turbulenzen, sprich Wind, gibt – ein Wetterwechsel mit Regen und Gewitter steht bevor. Davon berichten auch folgende Bauernregeln:

**Wenn morgens sich Schäfchenwolken zeigen,
und abends Haufenwolken aufsteigen,
dann zieht der Klee seine Blätter zusammen,
ein Nachtgewitter bricht los.**

Eine kleine Wolke am Morgen macht oft ein großes Abendgewitter.

Bleibt das Wetter schön oder nicht? Wer immer wieder zum Himmel schaut, kann die Entwicklung der Wolken mitverfolgen. Das lohnt sich!

**Wenn große Wolken sich verkleinern,
ist schönes Wetter zu erwarten.**

Wolken, die Regen ankündigen

✦ Oft kann man schon lange im Voraus erkennen, ob es in nächster Zeit regnen wird. Das ist der Fall, wenn die Wolken an Höhe verlieren, also Zirrostratus- in Altostratuswolken übergehen. Die Bauernregel drückt diesen Zusammenhang zwar anders aus, doch es steckt ein wahrer Kern darin:

Wenn die Wolken regnen, so senken sie sich.

Hilfreich ist es auch, wenn man die Wolkenform beobachtet. Wenn Zirruswolken, die ja eine fadenförmige, ausgefranste Form haben, Haken entwickeln, kann man in den nächsten Stunden mit Schauern, Böen und Gewittern rechnen. Davon sprechen folgende Bauernregeln:

Wenn der Himmel gezupfter Wolle gleicht,
das schöne Wetter bald dem Regen weicht.

Spazierstock vor dem Himmelsblau
sorgen bald für Wolkengrau.

Die „Spazierstockform“ ist ein deutlicher Hinweis auf den starken Höhenwind, der Wetteränderungen vorausgeht. „Häkchenwolken“ entstehen, wenn sich Warmluft auf Kaltluft schiebt. Auch wenn die Wolken sehr dünn sind und dem Anschein nach wenig Gefahr besteht, dass es bald regnen

könnte, ist Vorsicht angebracht. Diese Wetterregel hat eine Zuverlässigkeit von 80 Prozent – innerhalb von 24 bis 36 Stunden ist also mit großer Sicherheit Regen zu erwarten.

Es gibt Wetterlagen, an denen ist es zwar grundsätzlich sonnig. Trotzdem scheint die Sonne nicht mit voller Kraft auf die Erde – sie ist von einer dünnen Wolkenschicht verdeckt. Kein gutes Wetteromen für Sonnenanbeter, wie folgende Bauernregeln verraten:

Wenn die Sonne scheint sehr bleich,
ist bald die Luft an Regen reich.

Wenn matt Frau Sonne am Himmel spaziert,
Regen das Wetter in Kürze regiert.

Verliert der Sonne Weg sich langsam am Himmelszelt,
nicht lange, dann Schnee oder Regen fällt.

Bleich die Sonne –
füllt nachts sich die Tonne.

Die Rede ist von Altostratus, also Wolken in mittlerer Lage, die in Schichten am Himmel ziehen. Die Regel hängt mit der vorausgehenden Wettersituation bei den Zirruswolken, die eine Häkchenform entwickeln, zusammen. Wenn die Wolken als Altostratus erscheinen, haben sie schon deutlich an Höhe verloren und sind auch mächtiger geworden. Das hängt damit zusammen, dass das Tiefdruckgebiet sehr viel näher gekommen ist. Deshalb liegt die Wahrscheinlichkeit, dass sich diese Regel bewahrheitet, sehr hoch, nämlich bei 85 Prozent.

Regen ist nicht gleich Regen – kleine Regenkunde

✦ „Regen bringt Segen" lautet ein bekanntes geflügeltes Wort. Das stimmt – sofern nicht wie bei einem Platzregen oder Wolkenbruch zu viel Wasser in kurzer Zeit fällt und den Boden wegschwemmt. Es kann auch sein, dass der Regen über viele Stunden, Tage oder sogar Wochen anhält. Regen kann kalt und warm sein, als feine Tropfen uns einhüllen oder als kleine, dicke Geschosse vom Himmel prasseln. Regen, soviel ist klar, gibt es in vielen Varianten.

Was sind die Kriterien für die unterschiedlichen Regenarten?

Grundsätzlich bestimmen die Größe der Tropfen und ihre Fallgeschwindigkeit, um welche Art Regen es sich handelt. Wie schnell der Regen vom Himmel fällt, hängt von der Größe und Schwere der Tropfen ab. Dabei gilt: Je größer die Tropfen, desto schneller fallen sie zu Boden.

Bei einem „durchschnittlichen" Regen erreichen die Tropfen eine Geschwindigkeit von fünf Metern pro Sekunde und eine Größe von ca. zwei Millimetern. Regentropfen können maximal fünf Millimeter groß werden. Größere Tropfen werden beim Fall aus der Höhe durch den Luftwiderstand in kleinere Tropfen aufgespalten.

Regenart	Tropfen-Durchmesser in mm	Tropfenzahl pro m^2 und Sekunde	Fallgeschwindigkeit pro Sekunde
Nebel	0,01	67.400.000	–
Nieselregen/ Sprühregen	0,05 bis 0,25	150	0,2 Meter pro Sekunde
Landregen	0,5 bis 2	280	5 Meter pro Sekunde
Schauer, Platzregen oder Wolkenbruch	bis 5	ca. 1200	bis 8 Meter pro Sekunde

Hier ein kleiner Überblick über die Regenarten:

Nieselregen/Sprühregen:
Nieselregen, auch Sprühregen genannt, fällt häufig aus Stratuswolken, also aus grauen, tief hängenden Wolken. Stratuswolken entstehen an der Warmfront eines Tiefs oder wenn feuchtwarme Luft über kälteren Boden strömt. Wenn hohe Gebäude oder Hügel von diesen über dem Boden schwebenden Wolken eingehüllt werden, kommt es zu Nieselregen, der oft mehrere Tage anhalten kann.

Landregen:
Lang anhaltender Regen, der gleichmäßig vom Himmel plätschert, stammt in der Regel aus Nimbostratuswolken. Nimbostratuswolken sind typisch für Regenwolken – eine dunkle, kompakte Wolkenschicht, die an der Unterseite gut als Wolke von der Umgebung zu unterscheiden ist. Nimbostratuswolken, die sich als Landregen auflösen, bestehen aus Eiskristallen und kaltem Wasser. Sie können sich bis in eine Höhe von zehn Kilometern ausdehnen.

Schauer, Platzregen oder Wolkenbruch:
Auch wenn er nicht lange dauert – bei einem Schauer ist man in kurzer Zeit völlig durchnässt. Schauer sind kurz, höchstens 45 Minuten, aber heftig. Dabei kann die Intensität der Niederschläge in kürzester Zeit wechseln. Typisch für Schauer ist, dass sie regional sehr begrenzt auftreten. Schauer stammen aus mächtig aufragenden Kumulonimbuswolken. Diese sogenannten „Quellwolken" haben häufig die Form eines Ambosses. Es sind Eiswolken, die in ihren oberen Bereichen aus Eiskristallen bestehen, und weiter unten aus Wassertropfen.
Zu diesen Regenarten kommen Dauerregen und Starkregen.

Dauerregen und Starkregen:
Als Dauerregen bezeichnet man einen Regenguss, der mindestens sechs Stunden anhält. Von Starkregen spricht man, wenn innerhalb einer Stunde mindestens 17 Liter Regen auf einen Quadratmeter fallen.

Es regnet immer mehr

In den letzten Jahren kam es immer häufiger zu Überschwemmungen. Rhein, Donau, Oder und Elbe treten inzwischen fast regelmäßig über die Ufer. Ein Grund ist die Flussverbauung. Die Flüsse sind reguliert, wobei das Flussbett von Deichen eingegrenzt ist. Ein weiterer Grund sind die Regenfälle. In den letzten Jahren gab es im Zuge des Klimawandels mehr Regen. Es regnet häufiger und es fällt mehr Regen, v. a. im Winterhalbjahr. Dabei fällt im Westen Deutschlands mehr Regen als im Osten. Was hat der Klimawandel damit zu tun? Der globale Temperaturanstieg bewirkt, dass die Westwinde zunehmen. Sie bringen feuchte Meeresluft vom Atlantik nach Mitteleuropa, wo sie sich immer häufiger als Starkregen „entladen". Während der Einfluss der Winde aus dem Westen stärker wird, geht der Einfluss der Hochs über Sibirien, die im Winter wetterbestimmend waren, zurück.

Bauernregeln zum Schmunzeln

**Frühregen und Brauttränen
dauern so lang wie's Gähnen.**

Schnee

✦ Immer wieder ist in den Bauernregeln von Schnee die Rede: Im Winter, v. a. im Januar, wünschen sich die Bauern eine dichte Schneedecke über ihren Äckern, Wiesen und Feldern. Der Grund: Schnee ist nicht einfach nur gefrorenes Wasser, das auf dem Boden liegen bleibt. Der Schnee wirkt wie eine Isolation. Wenn der Boden von Schnee bedeckt ist, sinkt die Temperatur darunter nur wenige Grad Celsius unter null – auch wenn es draußen sehr viel kälter ist. Beim Schneefall werden die Kristalle auf dem Boden angehäuft. Sobald der Schnee am Boden liegt, verbinden sich die Eiskristalle an ihren Berührungspunkten zu einer zusammenhängenden, porösen Struktur. Es entsteht eine Art „Schaum aus Eis". Diese Struktur bleibt jedoch keineswegs erhalten. Je nach Umgebungsbedingungen, wie Temperatur, Wind und Strahlung, verändert sie sich weiter: Tagsüber kommt es immer wieder vor, dass die Sonne auf die Schneeoberfläche scheint und den Schnee antaut. Nachts gefriert diese Schicht und wird hart. Man spricht dann von Harsch.

Was genau ist Schnee? Wie entsteht Schnee?

✦ Wenn im Winter bzw. bei kalten Temperaturen dunkle Wolken heranziehen, gehen wir davon aus, dass es bald schneien wird. Schnee entsteht, wenn die Temperaturen in einer Wolke unter den Gefrierpunkt, also null Grad Celsius, sinken. Dann bilden sich anstelle der Regentropfen Kristalle. Schneeflocken sind meist recht klein – eine Größe von drei bis vier Zentimetern ist sehr selten. Doch man hat schon Schneeflocken gesehen, die größer als zehn Zentimeter waren!

Schneeflocken sind überaus zarte Gebilde. Sie bestehen zu 95 Prozent aus Luft. Bei einem Durchmesser von einem Millimeter segeln Schneeflocken mit einer Geschwindigkeit von 0,8 Meter/Sekunde auf die Erde. Wie groß Schneeflocken sind, hängt von der Temperatur in den Wolken ab. Bei minus drei bis minus fünf Grad Celsius sehen Schneeflocken wie kleine Eisnadeln aus. Bei minus fünf bis minus acht Grad Celsius bilden sie prismenartige Säulen, und bei minus 14 bis minus 16 Grad Celsius kann man „echte" Schneesterne bestaunen. Sobald diese Kristalle groß und schwer sind, fallen sie zu Boden. Bis sie dort als Schnee ankommen, verbinden sie sich mit anderen Kristallen, schmelzen teilweise und frieren wieder von Neuem.

Wie kalt ist es? Schnee als Temperaturmesser

✦ Anhand der Beschaffenheit des Schnees kann man recht gut die Temperatur abschätzen. Besonders feine, pulvrige Strukturen hat der Pulverschnee. Er entsteht bei

Temperaturen unter minus zehn Grad Celsius. Pulverschnee ist sehr locker. Tritt man darauf, dann zerbrechen Millionen Eiskristalle – der Schnee knirscht.
Bei Temperaturen unter minus fünf Grad Celsius ist der Schnee weicher als reiner Pulverschnee. Das Geräusch beim Betreten ist dumpfer – der Schnee knarzt unter den Füßen.
Der Schnee klebt an den Schuhen? Dann spricht man von Pappschnee. Pappschnee, der bei Temperaturen um die null Grad Celsius und ein wenig kälter entsteht, eignet sich bestens für Schneebälle und Schneeballschlachten. Doch Vorsicht – schwere, nasse Schneebälle können sehr wehtun!
Jede Schneeflocke besitzt eine sechseckige Struktur. Dennoch hat jede eine andere Form – jede Schneeflocke ist ein Unikat der Natur!

Graupel

✦ Immer wieder ist in der Wettervorhersage von Graupelschauern die Rede. Was ist Graupel? Bei Graupel spricht man auch von Graupelkörnern: Wie Hagel sind sie rundlich und weitgehend durchsichtig. Doch es gibt einen wichtigen Unterschied: Graupelkröner haben eine geringere Dichte als Hagelkörner – sie ähneln damit dem Schnee. Wie Schnee sind Graupelkörner weich und matt. So gesehen sind Graupelkörner eine Übergangsform zwischen Schnee und Hagel.

Wie entsteht Graupel?

Wenn Regentropfen oder angetaute Schneeflocken durch eine sehr kalte Luftschicht, die unter der Regenwolke liegt, fallen, dann gefrieren die Tropfen zu harten, körnigen Gebilden. Graupelkörner können zwei bis fünf Millimeter im Durchmesser groß werden.
Da Graupel im Tiefland nur in geringen Mengen fällt, spricht man hier von Graupelschauern. Graupelschauer kommen, wenn überhaupt, im Frühjahr vor: Dann sind sie eine Wetterlaune des Aprils. In den Höhenlagen, also im Gebirge, ist Graupel sehr viel häufiger. Hier gilt er in der warmen Jahreszeit als eine Hauptniederschlagsform.

Nebel, Tau, Raureif und Raufrost

Nebel, Reif und Tau sorgen in der warmen Jahreszeit in den Morgenstunden dicht über bzw. auf dem Erdboden für Feuchtigkeit. Wie kommt es zu diesen Phänomenen und können sie etwas über das Wetter des weiteren Tages oder auch längerfristig etwas aussagen?

Nebel – Wolken dicht über dem Erdboden

✦ Nebel zählt zwar nicht explizit zu den Niederschlägen – er entsteht jedoch im Prinzip auf dieselbe Art wie Wolken.

In manchen Gegenden kennt man ihn gar nicht, anderswo ist er oft so dicht, dass man nur wenige Meter weit sieht. Nebel ist nichts anderes als Wasserdampf in der Luft. Die Luft ist jedoch aus unterschiedlichen Bestandteilen zusammengesetzt, nämlich aus 75 Prozent Stickstoff, 20 Prozent Sauerstoff, dazu Kohlendioxid und Spurengase, wie z. B. Helium und Ozon. Dazu kommt der Wasserdampf. Wie viel Wasserdampf in der Luft ist, hängt von der geografischen Lage ab. Über dem Meer und an der Küste ist der Anteil hoch, entsprechend geringer ist er über dem Festland, wenn sich keine Feuchtgebiete in der Nähe befinden. Niedrig ist die Luftfeuchtigkeit bzw. der Anteil des Wasserdampfes in der Luft auch in den Polarregionen. Dazu kommt die Jahreszeit: Im Winter befinden sich in Mitteleuropa durchschnittlich fünf Gramm Wasserdampf in der Luft, im Sommer sind es knapp dreimal so viel – 13 Gramm.

Egal, wie viel Gramm Wasserdampf in der Luft ist: In der Meteorologie spricht man von Nebel, wenn die Sicht unter 1.000 Metern ist. Grob gesagt ist Nebel nichts anderes als eine Wolke, die sich dicht über dem Boden befindet.

Wie entsteht Nebel? Wie löst er sich auf?

Nebel entsteht, wenn sehr feuchte Luft sich plötzlich abkühlt: Das geschieht bei uns besonders häufig im Frühling und im Herbst. Bei gutem Wetter hat die

Sonne bereits bzw. noch genug Kraft, um Wasser am Boden zu erwärmen, es verdunstet. Der Dampf, der dabei entsteht, befindet sich als Gas in der Luft. Nachts wird es im Frühling und Herbst jedoch kalt. Kühlt die Luft bis unter die Taupunkttemperatur ab, dann kondensiert der Dampf zu Wassertropfen, d. h. er wird flüssig – Nebel entsteht.

Im Gebirge kommt es immer wieder vor, dass eine Wolke zu Nebel wird, wenn sie einen Hang berührt. Die Übergänge sind dann fließend.
Damit ist klar: Damit Nebel überhaupt entstehen kann, ist sonniges, warmes Wetter nötig – ansonsten kann sich das Wasser nicht genügend erwärmen. Oder, anders ausgedrückt: Wenn es Nebel gibt, dann steht in der Regel ein schöner sonniger Tag bevor!

Auf gut Wetter vertrau,
beginnt der Tag nebelgrau!

Kommt abends über Wies' und Fluss
der Nebel auf an Tages Schluss,
und morgens dann, wenn Sonneskraft ihn
wieder kann vertreiben,
so wird's schön Wetter bleiben.

Wenn Nebel von den Bergen absteigen oder vom Himmel fallen oder in den Tälern liegen, bedeutet's schönes Wetter.

Bodennebel tritt besonders häufig in Senken, Mulden und Tälern auf und natürlich an Orten, wo es ohnehin bereits sehr feucht ist – also über Mooren, Seen und Flüssen.

Im Moor sind während der Nebelphasen immer wieder nachts Lichterscheinungen zu beobachten, die die Bauernregeln mit gutem Wetter in Verbindung bringen:

Wenn im Moor viel Irrlicht steh'n,
bleibt das Wetter lange schön.

Bei dem Nebel über dem Moor gilt dasselbe wie für den Nebel im Allgemeinen – wenn sich im Frühjahr oder Herbst Nebel bildet, ist das ein Zeichen für Hochdruckwetter: Sobald sich der Nebel aufgelöst hat, wird es sonnig.

Doch was hat es mit den Irrlichtern auf sich? Man geht heute davon aus, dass sich Faulgase entzünden und dabei ein flackerndes Licht erzeugen. Es gibt mehrere Varianten dieser Bauernregel:

Wenn Flammen aus Moorboden und
Sumpfwasser schlagen,
wird Frau Sonne sich weiter ans Himmelszelt wagen.

Wenn nachts im Moor und Auenwald sich
Lichter bewegen,
erteilt Petrus für den Folgetag gutem Wetter
seinen Segen.

Tipp: Wer auf einer Moorwanderung Irrlichter beobachten möchte, sollte sich nur bei windstillem Hochdruckwetter auf den Weg machen. Winde blasen die Flammen sehr schnell aus.

Vorsicht im Nebel

Nebelerscheinungen wie Irrlichter sind eine Einladung zum Gruseln und Fürchten. Doch auch ohne „Spukerscheinungen" kann Nebel durchaus Angst machen, und zwar berechtigterweise: Im dichten Nebel ist die Orientierung sehr schwierig. Bergsteiger, die der Witterung nahezu schutzlos ausgeliefert sind, wissen das zumeist. Doch auch sonst ist mit Nebel nicht zu spaßen: Besonders gefährlich ist er im Straßenverkehr, verbunden mit nassen Straßen. Im Herbst, wenn der Laubfall einsetzt, kommt zu der schlechten Sicht bei Nebel die Rutschgefahr. Und auch der Schiffsverkehr ist betroffen: Wenn über warmem Meer Wasser verdunstet und über kalte Wassermassen geweht wird, entsteht oft in kürzester Zeit extrem dichter Nebel. Dann ist es sogar in Zeiten von Radar und GPS nicht leicht, ein Schiff zu navigieren!

Wenn der Nebel aufsteigt …

Üblicherweise löst sich der Nebel, sobald die Sonne über einem wolkenlosen Himmel aufgegangen ist, wieder auf. Doch es kann auch vorkommen, dass er in die Höhe steigt:

Wenn der Nebel fällt zur Erden,
wird bald gutes Wetter werden.
Steigt der Nebel nach dem Dach,
folgt bald großer Regen nach.

Ganz ähnlich drücken es folgende Bauernregeln aus:

Steigt Nebel empor,
steht Regen bevor.

Wenn Nebel von den Bergen absteigen oder vom Himmel fallen oder in den Tälern liegen, bedeutet's schönes Wetter.

Nebel, wenn er steigend sich verhält,
bringt Regen, doch klar Wetter, wenn er fällt.

Wenn die Sonne Wasser zieht, gibt's bald Regen.

Wie ist das zu erklären? Wenn der Nebel in die Höhe steigt, kühlen sich die Wassertröpfchen weiter ab, und zwar pro Höhenmeter um ein Grad Celsius. Kommt dann im weiteren Tagesverlauf noch zusätzlich feuchte Luft dazu, bilden sich Wolken. Die Wolkenelemente, d. h. Wassertropfen und in größeren Höhen Eiskristalle, sind dann so schwer, dass sie die Aufwinde nicht mehr tragen können. Das Ergebnis: Sie regnen nach und nach ab.

Smog – giftiger Nebel über der Stadt

✦ Zu Beginn der Industrialisierung kam es in den großen Städten immer wieder zu einem besonders gefährlichen Nebel. Bis vor wenigen Jahrzehnten war dieses Phänomen in den östlichen Nachbarländern Deutschlands zu beobachten: Länder, in denen man bei der Industrieproduktion keine oder wenig wirksame Abgasfilter benutzte. Die Rede ist vom Smog. Smog entsteht, wenn sich Rußteilchen von Abgasen und andere Schadstoffe mit Wassertröpfchen zu einer dichten, gesundheitsschädlichen Schicht verbinden. Smog entstand in großem Ausmaß erstmals in England zur Zeit der Industrialisierung im 19. Jahrhundert. Daher stammt auch der Begriff: Smog ist eine Zusammensetzung von „smoke" und „fog", also Rauch und Nebel.

„Big Smoke": Umweltkatastrophe durch Smog in London im Jahr 1952

In London, der Hauptstadt von Großbritannien, kam es im Anfang Dezember 1952 zu einer Umweltkatastrophe durch Smog: Die dichte Wolke aus Ruß und Nebel verschluckte die ganze Stadt: Der giftige Dunst stürzte den Verkehr ins Chaos und kroch in die Häuser. Der Nebel, vermischt mit Ruß, war so dicht, dass man nicht mehr nach draußen gehen konnte – bei einer Sicht von 30 Zentimetern war die Orientierung unmöglich. Zu der gefährlichen Wetterlage kam es, als sich mit einem Hochdruckgebiet warme Luft über London ausbreitete und eine Sperre für die darunterliegende kalte Luft bildete. Da die Sonne nicht durch den schmutzigen Nebel hindurchdringen konnte, wurde es immer kälter – und die Menschen warfen ihre Kohleöfen an. Aus ihnen quollen Ruß und giftiges Schwefeldioxid – ein echter Giftcocktail! Dem Smog fielen innerhalb weniger Tage 12.000 Menschen zum Opfer, 100.000 Menschen litten an Atemwegserkrankungen. Obwohl der Regierung ein Bericht darüber vorgelegt wurde, setzte sich der Umweltgedanke bei den Politikern der Stadt und der Regierung nur langsam durch: Immerhin wurde 1956 ein Gesetz erlassen, das die Verwendung pechhaltiger Kohle zum Heizen in Privathaushalten verbot.

Ob es in großen Städten zu Smog-Wetterlagen kommt, ist v. a. eine Frage des Umweltschutzes. Umweltschutz ist mit Investitionen verbunden. In vielen Ländern sind die Standards sehr viel niedriger als in Europa. Aus diesem Grund ist dort die entsprechende Filtertechnologie bei Wohnheizungen und anderen Feuerungsanlagen

viel weniger verbreitet als bei uns. Heute leiden v. a. die Menschen in Chinas Hauptstadt Peking z. T. mehrere Wochen unter Smog.
Smog birgt erhebliche Gefahren für die Gesundheit: Er führt nicht nur zu Problemen beim Atmen. Viele Menschen leiden unter Bronchitis, also einer akuten Entzündung der Atemwege; in Smoggebieten ist die Gefahr, dass man einen Herzinfarkt erleidet, ebenfalls erhöht.
Inzwischen sind in Deutschland die Richtlinien für die Abgasfilter in der Industrie, bei den Heizungen für Wohnraum und bei den Autos so streng, dass die Städte ihre Smogverordnungen zurücknehmen konnten.

Tau und Raureif nach einer kühlen, wolkenlosen Nacht

✦ Morgens ist es frisch. Es hat nicht geregnet und trotzdem liegt eine Feuchtigkeit über allem. Diese Feuchtigkeit entsteht, wenn sich über Nacht die Luft abkühlt. Das führt dazu, dass sie die Feuchtigkeit nicht mehr speichern kann und abgibt. Sobald der sogenannte Taupunkt erreicht ist, setzt sich die Luftfeuchtigkeit auf dem Boden ab.

Tau entsteht jedoch nur in einem stabilen Hochdruckgebiet: Dabei nimmt tagsüber die Temperatur mit der Höhe ab. Nachts strahlt der Boden Wärme ab und kühlt aus. Es kommt zu großen Unterschieden zwischen der Temperatur dicht über dem Erdboden und weiter oben in der Luft. Die Temperatur sinkt unter den Taupunkt – Tau entsteht.

Damit bewahrheiten sich folgende Bauernregeln:

In der Frühe Tau
macht den Himmel blau.

Doch wenn am Morgen kein Tau gelegen,
warte bis Abend auf sicheren Regen.

Wenn abends tanzt die Nebelfrau
und morgens liegt auf Gräsern Tau,
wird heiß die Sonn' am Tage sein,
werden Bohnen und Gurken üppig gedeih'n.

Entsprechend lautet auch folgende Regel:

Gehst du morgens durch trockene Wiesen,
wird abends viel Wasser vom Himmel fließen.
Wenn am Morgen kein Tau gelegen,
warte bis Abend auf sicheren Regen.

Umgekehrt gilt, wie es auch die Bauernregel formuliert: Wenn sich durch Wind die Luftschichten über Nacht vermischen, fehlt die Luftschichtung, die zur Taubildung führt. Das Wetter wird unbeständig – innerhalb von acht bis 16 Stunden muss man mit Regen rechnen.

Reif entsteht, wenn am Boden die Temperatur unter den Gefrierpunkt gesunken ist. Dann gefrieren die Wassertröpfchen zu z. T. bizarren Eiskristallen. Die Wetterlage, die zu Reif führt bzw. mit Reif in Zusammenhang steht, ist dieselbe wie bei Tauwetter. Damit bewahrheiten sich einmal mehr folgende Bauernregeln:

**Reif und Tau
machen den Himmel blau.**

Je länger die Trockenheit während eines Hochdruckgebietes andauert, umso wertvoller ist der Tau für den Bauern:

Tau auf der Wiese ist Gold in der Truhe.

Raufrost – Eiskristalle, die entgegen der Windrichtung wachsen

Anders als Raureif entsteht Raufrost im Nebel, und zwar wenn der Wind bläst. Damit die Eiskristalle gefrieren, muss die Temperatur zwischen minus drei Grad Celsius und minus sieben Grad Celsius liegen. Wenn der Nebel bei diesen niedrigen Temperaturen über Bäume, Sträucher, Gräser und andere Hindernisse hinwegstreicht, bleiben Tröpfchen daran haften und gefrieren. Da sich die Kristalle entgegen der Windrichtung ablagern, entstehen auf diese Weise bizarre nadelförmige Zacken, die mehrere Zentimeter lang waagrecht entgegen der Windrichtung wachsen.

**Raufrost auf der Flur,
milder Witterung Spur.**

Es ist bitterkalt, und dennoch soll – laut der Bauernregel – mildes Wetter bevorstehen? Der Schlüssel zum Rätsel ist der Nebel. Er entsteht, wenn milde Luft horizontal über kalten Boden bläst. Damit ist der Raufrost das erste Anzeichen für wärmere, mildere Luft!

Gewitter – ein Wetterspektakel

Große Hitze, dann wieder Kälteeinbrüche – ab dem Spätfrühling bis in den Herbst kann es immer wieder zu Gewittern und damit zu Hagel kommen. Hagel ist die am meisten gefürchtete Niederschlagsart, die die Ernte sogar vernichten kann.

Wie kommt es zu einem Gewitter?

✦ Gewitter haben Forschern seit jeher Rätsel aufgegeben. Heute weiß man, dass bei einem Blitz und bis es dazu kommt, hochkomplexe physikalische Prozesse ablaufen. Vereinfacht ausgedrückt, verhält es sich so: Ein Gewitter entsteht, wenn in Kumulusnimbuswolken bei der Bildung von Eissplittern Teilchen abplatzen, die teils negativ, teils positiv geladen sind. In der Wolke herrschen starke Auf- und Abwinde, dabei werden die unterschiedlich geladenen Teilchen in verschiedenen Teilen der Wolke konzentriert.
Nicht nur die Wolke ist elektrisch geladen, auch der Erdboden. Dabei ist die Atmosphäre bestrebt, die Spannung abzubauen. Wenn sich ein Blitz entlädt, kommt es zu einer Art Kurzschluss, bei dem eine enorme Energie freigesetzt wird. Die umgebende Luft kann bei einem Blitz bis zu 30.000 Grad Celsius heiß werden. Die stark erhitzte Luft erzeugt eine Druckänderung, die als Donner zu hören ist. Der Donner breitet sich in Schallgeschwindigkeit, d. h. rund einen Kilometer in drei Sekunden aus.

Tipp: Wenn man wissen möchte, wie weit der Blitz entfernt war, dann zählt man die Sekunden zwischen dem Blitz und dem Donner und teilt den Wert durch die Zahl drei. Wenn z. B. sechs Sekunden nach dem Blitz vergingen, bis der Donner einsetzt, dann war der Blitz zwei Kilometer entfernt.
Doch das ist längst noch nicht alles: Wenige Minuten nach den ersten Blitzen prasseln heftige Regenschauer, oft auch in Form von Hagel oder Graupel, nieder.

Große Unwetter kommen von großer Hitze.

Gewitterwolken entstehen v. a. dann, wenn bei schwülheißem Wetter feuchte Luft in große Höhen steigt. Dabei kühlt die warme, feuchte Luft ab. Die Feuchtigkeit in der Luft kondensiert und es bilden sich Wolken, die sich bis in große Höhen, sogar bis über 10.000 Meter in die Atmosphäre auftürmen können. Steht so ein „Wolkenungeheuer" am Himmel, liegt ein Gewitter oft geradezu „in der Luft". Bevor es blitzt und donnert, setzt meist ein kräftiger Wind ein.

Tanzt das Stroh im Wirbelwind, kommt ein Unwetter geschwind.

Auf schwüle Luft folgt Donnerwetter.

Dabei ist der Schaden, den Gewitter durch Hagel bzw. Starkregen und Sturm anrich ten, umso höher, je länger ein Gewitter an einem Ort bleibt bzw. je langsamer es sich mit dem Wind auflöst oder weiterzieht.

Wetter, die langsam ziehen, schlagen am schwersten.

„Langsam ziehen" heißt, dass sich das Gewitter mit einem sanften Wind nähert. Was jedoch dann folgt, ist umso heftiger: Bei einer schwachen Luftströmung dauert es umso länger, bis das Gewitter vorüberzieht – heftige Regengüsse, oft mit Hagel verbunden, sind die Folge. Wenn das Gewitter jedoch rasch heranzieht, begleitet von heftigen Winden, dann ist der Schrecken anfangs zwar groß, aber der Schaden bleibt gering. Gewitter kommen und gehen – je schneller, desto besser!

Übrigens kann man im Voraus oft schon erkennen, wie heftig ein Gewitter ausfallen wird: Gewitter mit starken Regengüssen und Hagel kündigen sich mit gelben Wolken an. Mit etwas Glück ist dann noch Zeit genug, das Auto in die Garage zu fahren und die empfindliche Ernte mit Teppichen oder Decken zu schützen!

Auch wenn ein Gewitter noch so schwer ist, mit dem Gewitter sind die Hitze und die Schwüle vorbei. Durch den Niederschlag – als Regen oder als Hagel – kühlt sich die Luft bereits während des Gewitters ab. Es steigt keine neue warme Luft auf, die Turbulenzen in der Wolke lassen nach, das Gewitter klingt ab. In den meisten Fällen strömt einem Gewitter kühle Luft nach.

Ein kleiner Regen dämpft ein großes Gewitter.

Am Abend nach dem großen Regen ist die Luft wieder rein. Das sagt diese Bauernregel aus:

Alle bösen Wetter klaren gegen Abend.

Wie verhält man sich bei Sturm und Gewitter richtig?

✦ Schon die Bauern wussten:

Hohe Häuser trifft der Blitz am ehesten.

Dazu kommt die folgende Bauernregel, die auf den ersten Blick banal wirkt, aber eigentlich ins Schwarze trifft.

Ein Blitz trifft mehr Bäume als Grashalme.

Fazit: Blitze schlagen bevorzugt in erhöhte Stellen ein. Dabei ist es unerheblich, um welche Art Erhebung es sich handelt – Blitze schlagen überall ein, in Kirchtürme ebenso wie in Masten, Felsen und Bäume. Wer an Gewitter und Bauernregel denkt, hat eine sehr bekannte Redensart im Hintergrund.

Vor den Eichen sollst du weichen
Und die Weiden sollst du meiden.
Zu den Fichten flieh mitnichten
Doch die Buchen musst du suchen!

Richtig oder falsch? Die Empfehlung ist falsch! Bäume sind, v. a. wenn sie frei stehen, bei einem Gewitter immer ein Anziehungspunkt. Warum dann die Empfehlung, bei Buchen Schutz zu suchen?

Wenn der Blitz in eine Buche einschlägt, hinterlässt er kaum oder keine Spuren: Der Blitz gleitet an dem glatten und durchgängig vom Gewitterregen feuchten Stamm in die Erde. Doch fehlende Spuren vom Einschlag bedeuten keinen Schutz!

Wie konnte es dann überhaupt zu so einer Empfehlung kommen? Eine wissenschaftlich gesicherte Erklärung gibt es nicht. Möglicherweise liegt es daran, dass Eichen häufiger allein stehen, Buchen dagegen in Gruppen anzutreffen sind. Doch egal, welcher Baum: Blitze kennen keinen Unterschied, sie schlagen überall ein!

Wie bringt man sich bei Gewitter und bei Sturm in Sicherheit?

Die Häufigkeit der Gewitter und Stürme nimmt zu. Grund genug also, sich folgende Vorsichtsmaßnahmen einzuprägen!

- ✦ Wer unterwegs ist, muss unbedingt jeden exponierten Ort meiden, also auch vermeintliche Schutzhütten, Felsvorsprünge, Bäume und Büsche.
- ✦ Besonders gefährlich ist es am Waldrand. Bei Waldspaziergängen ist es sinnvoll, im Wald zu bleiben.
- ✦ Von Gewässern fernhalten!
- ✦ Auf dem Boden kauern, in der Hocke Arme an den Körper und den Kopf einziehen und abwarten.
- ✦ Schnellstmöglich ein Auto aufsuchen, die Türen und Fenster schließen und keine Metallteile berühren. Falls das Auto ein Glasdach hat, das Glasdach, die Front- und Heckscheiben abdecken. Erklärung: Das Auto wirkt wie ein Faradayscher Käfig. Der britische Naturforscher Michael Faraday (1791–1867) hatte herausgefunden, dass ein Blechgehäuse bzw. eine Metallkonstruktion in Form eines Käfigs, vor Blitzschäden schützt. Vorausgesetzt, dass man, wenn man sich in der Konstruktion befindet, das Metall von innen nicht berührt!
- ✦ Auto und Glasflächen, z. B. über Beeten im Garten, abdecken, um Hagelschäden zu vermeiden.

Stürme gibt es nicht nur in Verbindung mit einem Gewitter. An der Küste treten Stürme bei einem Wetterumschwung sehr viel häufiger auf als im Landesinneren, wo die Erdoberfläche die Windgeschwindigkeit bremst.

- ✦ Wohnwagen und Zelte verlassen. Sie bieten keinen ausreichenden Schutz. Wenn Zelte knicken, besteht die Gefahr, dass man vom Zeltgestänge verletzt wird.
- ✦ Feste Gebäude aufsuchen. In der Natur können Gegenstände wie etwa Äste oder Plastikplanen in der Luft umherwirbeln und zu Verletzungen führen.
- ✦ Im Haus alle Fenster und Türen schließen, Dachflächenfenster nicht vergessen! Rollläden herunterlassen, Fensterläden schließen. So verringert sich die Gefahr, dass umherfliegende Gegenstände die Fenster beschädigen.
- ✦ Frei laufende Haustiere wie etwa Freigängerkatzen ins Haus holen; Landwirte müssen ihre Tiere in die Ställe treiben.

Mehr Gewitter, mehr Blitzgefahr

✦ Die Gefahr, von einem Blitzschlag getroffen zu werden, wird, statistisch gesehen, immer größer, da die Zahl der Gewitter mit dem Klimawandel zunimmt: Gewitter werden dabei nicht nur häufiger, sie werden auch heftiger. Von Jahr zu Jahr gibt es mehr Blitzeinschläge. Besonders häufig sind Blitzeinschläge im Süden Deutschlands – hier ist die Luft wärmer als im Norden. Dass Gewitter zunehmen, gilt ganz besonders für das Alpenvorland: Die Berge „zwingen" die Wolken dazu, dass sie aufsteigen. Dabei kühlen sie sich ab – Gewitterwolken entstehen. In den Wolken trennen sich aufgrund des schnellen Aufstiegs verschiedene elektrisch geladene Teilchen. Das führt zu Spannungen und damit zu Blitzen.

Hagel – ein Begleiter von Blitz und Donner

✦ Hagel ist eine Art Extremform des Niederschlages: Es regnet Eis vom Himmel, und das in unterschiedlichen Größen – von murmelgroß bis zur Größe eines Tennisballes. Hagel ist eine Begleiterscheinung von Gewittern.

Wie entsteht Hagel?

Hagel entsteht, wenn bei einem Gewitter die Wassertröpfchen durch starke Aufwinde in große Höhen, d. h. die Frostzonen der Wolken, transportiert werden und dort gefrieren. Als Eiskristalle fallen sie nach unten und nehmen dabei neues Wasser auf. Oft fallen die Eiskristalle nicht sofort zu Boden, sondern werden mehrmals nach oben geschleudert. Dabei lagert sich immer mehr Flüssigkeit um das Eiskristall an und gefriert. Aus dem Eiskristall wird nach und nach ein Hagelkorn bzw. eine Eiskugel. Erst wenn die Hagelkörner so schwer sind, dass sie von den Aufwinden nicht mehr in die Höhe transportiert werden können, stürzen sie aus den Wolken auf die Erde. Und weil sie sehr schnell unterwegs sind, kommen sie auf der Erde, obwohl es oft noch warm ist, als Eisklumpen an. Das Ergebnis ist ein Hagelschauer – oft mit verheerenden Folgen für die Ernte. In Mitteleuropa gibt es jedes Jahr 15 bis 25 Gewittertage; besonders häufig und heftig sind sie in den Gebirgsregionen. In Zusammenhang mit der Klimaerwärmung nehmen die Hagelschäden zu.

Wie kann man sich vor Hagel schützen?

Seit Langem versucht man, mit Kanonen bzw. Geschossen Partikel in die Wolken zu schießen, um Hagel zu verhindern. Leider mit wenig Erfolg – Hagel lässt sich kaum verhindern. So gesehen, kann man zwar Gebäude weitgehend hagelsicher bauen, für die Ernte gibt es bis heute keinen Schutz. Kein Wunder also, dass Hagel in den Bauernregeln vorkommt:

Im Juni, Bauer, bete,
dass der Hagel nicht alles zertrete.

**So selten wie ein Kopf ohne Nagel,
so selten ein Juli ohne Hagel.**

**Hagelt's im Juli und August,
ists aus mit des Bauerns Freud und Lust.**

„Wetterläuten“ bei einem Gewitter

✦ Im Alpenland gibt es, wenn ein Gewitter droht, einen besonderen Brauch, das „Wetterläuten“. Es hat seinen Ursprung in der Christianisierung. Damals läutete man vor drohenden Unwettern die Glocken, um die Neubekehrten an den christlichen Gott zu erinnern. Nach einiger Zeit ist dieser Zusammenhang in Vergessenheit geraten. Übrig blieb die Erwartung, dass man mit Glockenläuten Unwetter vertreiben und so Hagelschäden vermeiden könne.
Früher stellte man auch die Eggen, mit denen man den Boden bearbeitet und lockert, mit den Zinken nach oben auf. Das sollte die Wetterhexen, die man für das drohende Unwetter verantwortlich machte, vertreiben.

Bauernregeln zum Schmunzeln

Wenn's donnert, wachen die Gebetbücher auf.

**Kommt der Mann im Rausch nach Haus,
bricht ein Donnerwetter aus.**

Wer das Gewitter zerläuten will, den trifft es.

Abendrot & Co.: optische Erscheinungen am Himmel

Abendrot, Regenbogen, Ring um den Mond … Immer wieder bietet der Himmel ein besonderes Schauspiel. Während man früher nur staunend nach oben schauen und beobachten konnte, kennen wir heute die Ursachen. Häufig kann man aus den Erscheinungen am Himmel einiges über das zukünftige Wetter ablesen.

Abendrot und Morgenrot

✦ Kommt Regen oder bleibt es trocken? Oft kann man es anhand der Himmelsfarbe am Abend bzw. Morgen bereits mit ziemlicher Sicherheit voraussagen. Die Bauernregel, die diese Erfahrung widerspiegelt, gehört zu den bekanntesten überhaupt!

**Abendrot – Schönwetterbot',
Morgenrot – Schlechtwetter droht.**

Viele Menschen schätzen und genießen die Rotfärbung des Himmels – v. a. am Abend. Sie haben auch allen Grund dazu: Abendrot ist ein Vorbote guten, sonnigen Wetters ohne Niederschläge.

Wie entsteht die Rotfärbung des Himmels?

Bei dem niedrigen Stand der Sonne am Abend und auch am Morgen treffen die Lichtstrahlen sehr flach auf die Erde und müssen so einen längeren Weg durch die Atmosphäre nehmen. Wenn die Lichtstrahlen auf die Erde scheinen, wird das Licht gestreut – Partikel in der Luft wie Staub, Wasserdampf und Gas sorgen dafür. Am Abend und am Morgen, wenn die Sonne flach steht, werden die kurzwelligen Strahlen, d. h. die blauen und grünen Lichtwellen bei dem langen Weg durch die Atmosphäre stark abgelenkt. Die langwelligen gelben und roten Lichtanteile werden dann viel weniger gestreut. Sie gelangen durch die Atmosphäre und färben den Himmel rot.

Warum hat die Rotfärbung am Abend und am Morgen so unterschiedliche Auswirkungen?

Abendrot und Morgenrot sind nur zu sehen, wenn die Luft feucht ist. Beim Abendrot neigt sich der Tag dem Ende, es wird kühl. Dabei setzt sich die Feuchtigkeit als Tau oder Reif auf der Erdoberfläche ab. Die Luft wird klar.

Doch Vorsicht: Ein intensives Rot beim Abendrot deutet auf eine hohe Luftfeuchtigkeit hin. Ideal ist es also, wenn das Abendrot gelblich orange schimmert und zusätzlich Wind aus Osten weht – diese Winde sind in der Regel sehr trocken und warm. Sind dagegen Wolken im tiefroten Abendrot zu sehen, dann steigt die Wahrscheinlichkeit, dass es – trotz Abendrot – bald regnen wird.

Beim Morgenrot wird die feuchte Luft tagsüber, je höher die Sonne steigt und je wärmer es wird, aufgrund der Verdunstung noch feuchter. Wolken bilden sich und regnen ab. Das bestätigen auch folgende Bauernregeln:

Dem Morgenrot ist nicht zu trau'n.

**Morgenrot
bringt Water in die Sloot.**

**Geht die Sonne feurig auf,
folgen Wind und Regen drauf.**

Eine helle Färbung beim Morgenrot deutet – wie auch beim Abendrot – auf eine geringe Luftfeuchtigkeit hin. Dann stehen die Chancen gut, dass ein sonniger, niederschlagsfreier Tag bevorsteht.

**Der Abend rot und weiß das Morgenlicht,
dann trifft uns böses Wetter nicht.**

Der schönste Tag beginnt mit einer stillen Morgenröte.

**Abendrot und Morgenhell
sind ein guter Reisegesell.**

**Der Abend rot, der Morgen grau,
gibt das schönste Tagesblau.**

Purpurlicht, Alpenglühen und leuchtende Nachtwolken

✦ Die Dämmerung hat noch mehr Naturschauspiele zu bieten: Wenn nach Sonnenuntergang der Himmel in Purpurfarben leuchtet, spricht man von Purpurlicht.

Dabei werden in großen Höhen die Zirruswolken angestrahlt. Das Purpurlicht ist sogar bei einem wolkenlosen Himmel zu beobachten, wenn Staubteilchen von der Sonne zum Leuchten gebracht werden.
Beim sogenannten Alpenglühen, das in den Hochalpen zu bestaunen ist, erstrahlt dann die Westseite der Gipfel im Widerschein des Purpurlichts. Dabei schimmern in hochalpinen Regionen Felsen und Gletscher rosa.
Sehr viel seltener als das Purpurlicht sind leuchtende Nachtwolken. Anders als beim Purpurlicht schimmern diese blau. Das ist jedoch nur der Fall, wenn die Wolken sehr kalt sind, nämlich minus 120 Grad Celsius. Diese Temperatur herrscht in einer Höhe von über 80 Kilometern. Doch das ist nicht alles: Die Sonne muss in einem ganz bestimmten Winkel stehen: Sie muss weit genug unter dem Horizont verschwunden sein, aber nicht zu tief stehen, sonst reichen die Strahlen nicht mehr zu den Wolken.

Ringe um Sonne und Mond

✦ In Nächten, in denen der Mond hinter einem dünnen Wolkenschleier hervorleuchtet, kann man in einen hellen Ring um den Mond herum sehen. Dabei fällt auf, dass der Ring auf der Innenseite rötlich leuchtet und keinen klar erkennbaren „Rand" hat. Nach außen hin strahlt er diffus bläulich weiß. Dieses Phänomen bezeichnen Astronomen als Mondhalo.
Mondhalos entstehen, wenn sich Zirruswolken, d. h. Schleierwolken, vor den Mond schieben. Zirruswolken bewegen sich in einer Höhe von acht bis zehn Kilometern. Die Wolken in dieser Höhe bestehen aus kleinen Eiskristallen, die wie sechseckige Plättchen oder Säulen geformt sind. Das Mondlicht wird von diesen Eiskristallen wie von einem Prisma gebrochen. Dabei wird der Lichtstrahl umgelenkt und tritt in einem Winkel, der kleiner ist als 22 Grad, aus den Kristallen aus. Astronomen bezeichnen diesen Ring um den Mond auch als 22-Grad-Halo. Bei der Brechung wird das Mondlicht in seine Spektralfarben zerlegt. Deshalb leuchtet der Innenrand des

Rings rötlich, und der Außenrand eher bläulich. Allerdings kann man diese Farben wegen des schwachen Mondlichts oft nicht leicht erkennen.

Wenn der Mond hat einen Ring,
folgt der Regen allerding.

Geben Ring oder Hof sich Sonne und Mond,
bald Regen und Wind uns nicht verschont.

Zeichnet abends der Mond durch einen Ring sich aus,
geh' am Morgen ohne Regenschirm nicht aus dem Haus.

Die für die Halos verantwortlichen Schleierwolken, die aus Eiskristallen bestehen, bilden sich besonders gut bei gleichmäßigen und lang anhaltenden Aufwinden. Sie entstehen in einem Tiefdruckgebiet, das sich langsam nähert. Die Halo-Erscheinungen sind nicht nur beim Mond zu beobachten, sondern auch bei der Sonne. Besonders zuverlässig ist die Regel übrigens, wenn die Schleierwolken gekrümmt sind, also die Form eines Spazierstocks haben.
Üblicherweise sind Halos bei Westwindwetter zu sehen. Dabei ziehen die Tiefs von Westen nach Osten. Doch es gibt auch Ausnahmen von dieser Regel: Wenn im Winter ein Tief von Südost nach Nordwest zieht, kommt eiskalte Luft zu uns.

Sonnenhof bei Nord und Ost,
bedeuten Glatteis und rauen Frost.

Regenbogen und sternklare Nächte

✦ Regenbogen sind immer für eine Überraschung gut – kein Regenbogen gleicht dem anderen und noch dazu sind sie ein Naturschauspiel, das nur von kurzer Dauer ist. Regenbogen sind zu sehen, wenn es an einer anderen Stelle geregnet hat. Wie entsteht ein Regenbogen? Wie bei dem Ring um Sonne oder Mond wird auch beim Regenbogen Licht gebrochen. Wenn durch die Wassertropfen die Sonnenstrahlen umgelenkt werden, werden sie in ihre Spektralfarben zerlegt. Dabei sind die Farben umso kräftiger, je größer die Wassertropfen sind. Doch was können sie über die Wetterentwicklung sagen? Wenn ein Regenbogen am Abend zu sehen ist, dann kann man davon ausgehen, dass das Schauerwetter weiterzieht und der folgende Tag sonnig und trocken wird. Ein Regenbogen am Vormittag bringt die gegenteiligen Aussichten: Wenn es sich tagsüber nach dem Regen erwärmt, wird weiter warmfeuchte Luft aufsteigen, die für noch mehr Regen sorgen wird.

Regenbogen am Abend lässt gut Wetter hoffen,
Regenbogen am Morgen lässt für Regen sorgen.

✦ Sternklare Nächte sind kalt! Warum? In der Nacht kühlt die Erde ab, die Wärme entweicht in die Atmosphäre. Wie viel Wärme entweicht, hängt von der Feuchtigkeit in der Luft ab, die die Wärme zur Erde zurückstrahlt. Feuchtigkeit in der Luft – das sind die Wolken. Je weniger Wolken am Himmel, desto mehr Wärme strahlt ab und umso kälter wird es in der Nacht.

Ist der Himmel voller Sterne,
ist die Nacht voll Kälte gerne.

Kurios, aber wahr:
Bauernregeln zum
Staunen

Regen steht bevor

Manche Bauernregeln formulieren Zusammenhänge, die die Auswirkung von bestimmten Witterungsphänomenen beschreiben. Manches kommt dem modernen, naturwissenschaftlich interessierten Menschen sehr ungewöhnlich, oft sogar geradezu kurios vor. Grund genug also, den Dingen auf den Grund zu gehen!
Bauernregeln, die auf Beobachtungen beruhen, die ein wenig aus dem Rahmen fallen, sagen meist unangenehme Wettererscheinungen voraus wie Regen, oder – noch schlimmer – Gewitter, zu dem ja meist ein Starkregen gehört. Zunächst zu den kuriosen Regenwetter-Bauernregeln.

Rauch zieht nicht ab

✦ Wer draußen den Grill vor einem beginnenden Gewitter „anwerfen“ will, hat Pech – der Rauch will einfach nicht zum Himmel aufsteigen, stattdessen wabert er unkontrolliert in der Umgebung herum. Ist dagegen das Wetter trocken, wolkenlos und schön, kann man sich auf einen langen Grillabend ohne Rauch freuen.

Ganz ähnlich ist es, wenn man im Freien Feuer macht: Steigt der Rauch gerade empor, bleibt das Wetter gut. Verteilt er sich weiträumig in die Breite, ist ein Tiefdruckgebiet im Anmarsch!

Zieht der Rauch nicht aus dem Schlot,
bald an Wasser keine Not.

Entsprechendes gilt auch für den Kamin: Wenn ein Tiefdruckgebiet sich nähert, kann die Luft im Kamin nicht abziehen. Wie kommt das? Wenn der Rauch nicht abzieht, dann herrscht Tiefdruck – und damit die Neigung zu Niederschlägen!

**Es ist vorhanden des Regens viel,
wenn der Rauch nicht aus dem Hause will.
Wenn schlecht raucht die Esse,
dann folgt große Nässe.**

**Mag der Rauch nicht aus dem
Schornstein wallen,
dann will der Regen aus den Wolken fallen.**

Blasen am Rand einer Kaffeetasse

✦ Diese Bauernregel klingt ein wenig nach Kaffeesatzleserei, doch sie stimmt!

**Der Zucker im Morgenkaffee sagt dir an,
ob Regen tagsüber zieht heran.
Steigen erste Blasen auf am Tassenrand,
dann nimm den Schirm in deine Hand.
Doch treten sie zuerst in Tassenmitte auf,
nimmt freundliches Wetter seinen Lauf.**

Die Bauernregel setzt folgende Situation voraus: Sie sitzen beim Morgenkaffee und geben ein Stück Zucker in den frisch gebrühten, heißen Kaffee, und zwar in die Mitte der Tasse. Was passiert? Aus dem Würfelzucker lösen sich die Luftblasen.

Jetzt heißt es genau hinsehen: In welche Richtung bewegen sich die Luftblasen? Kommen die Luftblasen senkrecht, d. h. in der Tassenmitte nach oben, dann herrscht Lufthochdruck – also ein Zeichen für sonniges, niederschlagsfreies Wetter. Verflüchtigen sich die Blasen an den Tassenrand, dann ist mit Tiefdruckwetter zu rechnen – Wind und Regen.

Woher „wissen" die Luftbläschen das? Spaß beiseite – das Phänomen hängt mit der Oberflächenspannung zusammen. Bei Tiefdruck wölbt sich die Oberfläche des Kaffees nach oben, die Bläschen werden an den Tassenrand abgedrängt. Bei Hochdruck wölbt sie sich nach innen – die Bläschen sammeln sich in der Mitte!

Gewitter im Anmarsch

Gewitter sind angesagt, wenn der Wetterumschwung besonders plötzlich und stark ausfällt. Dann kommt zu oft sehr heftigen Regengüssen auch noch die Gefahr, dass man von einem Blitz getroffen wird. Kein Wunder also, dass Bauern früher abrupte Wetteränderungen besonders sorgsam beobachteten und aus Auffälligkeiten, die dem Gewitter vorausgingen, ihre Schlüsse zogen.

Frischmilch wird in kurzer Zeit zu Dickmilch

Gerinnt die Kuhmilch am Nachmittag,
Gewitter zum Abend kommen mag.

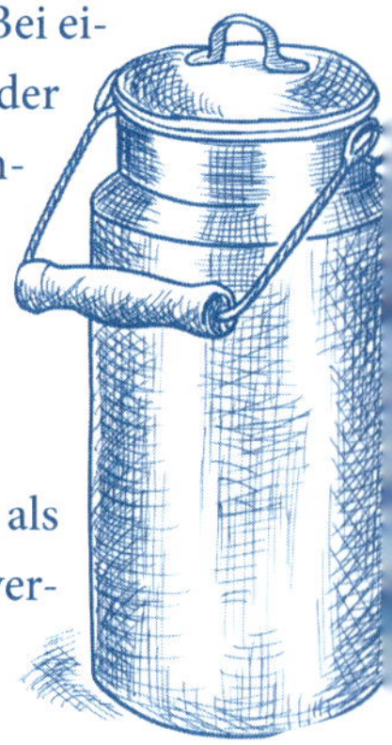

Gewitter am Abend – das deutet auf feuchtwarmes Wetter tagsüber. Bei einer solchen Wetterlage können sich die Milchsäurebakterien, die in der Frischmilch enthalten sind, sehr gut vermehren. Am meisten vermehren sie sich bei 37 Grad Celsius. An einem schwülwarmen Gewittertag können die Temperaturen durchaus über die 30-Grad-Celsius-Marke klettern und gute Bedingungen für die Bakterien schaffen.

Dass die Milch gerinnt, ist kein Problem: Man kann sie dann abends als Dickmilch genießen. Wer jedoch die Milch frisch halten bzw. weiterverarbeiten möchte, solle auf eine ausreichende Kühlung achten!

Tipp: Wenn im Sommer die Sahne zum Eis oder zum Obstkuchen nicht fest wird, auch wenn man den Mixer auf Hochtouren laufen lässt, dann liegt es nicht an der Sahne, sondern an der schwülwarmen Luft.

Feuchtigkeit kondensiert an Gegenständen

✦ Man kann es im Sommer immer wieder beobachten: Draußen ist es schwülwarm. Um den Durst in der Hitze zu löschen, schenkt man sich ein Glas frisches Wasser, evtl. noch mit Eiswürfeln gekühlt, ein. Schon nach kurzer Zeit beschlägt das Glas. Warum?
Das Phänomen ist nicht nur an Gläsern zu beobachten, sondern an Gegenständen aller Art, wie folgende Bauernregel weiß:

**Wenn Steine und Äxte beginnen zu schwitzen,
wirst du nicht lange mehr im Sonnenschein sitzen.**

Die Erklärung ist jedoch eine andere, als jene, die die Bauernregel liefert. Die Gegenstände schwitzen nicht. Die Feuchtigkeit, die sich auf ihnen bildet, stammt aus der Umgebungsluft! Die in der Luft enthaltene Feuchtigkeit kondensiert an Gegenständen, die kühler sind. Zu solchen Temperaturunterschieden kommt es, wenn sich die Luft sehr rasch erwärmt. Wenn dann die warme Luft an Gegenständen, die sich nicht so schnell erwärmen, entlangstreicht, kühlt die Luft und die darin enthaltene Feuchtigkeit auf den Taupunkt ab, dabei kondensiert der Wasserdampf.
Es kann dabei so viel Wasser kondensieren, dass es an den Gegenständen herunterrinnt. Schwülwarme Luft ist ein Vorbote von Gewittern. Wer mit seinem Erfrischungsgetränk draußen sitzt, sollte sich allmählich auf den Heimweg begeben oder zumindest immer wieder nach oben in Richtung Himmel schauen … Möglicherweise kommt das Gewitter schneller als zunächst erwartet!

**Nasses Glas
bringt Labung dem Gras.**

Wenn der Eimer voll Wasser außen beschlägt,
die Luft ein Gewitter zu dir trägt.

Auf Masten und Kirchtürmen flackern kleine Feuer

✦ Elmsfeuer werden die kleinen Fackeln genannt, die kurz vor oder während eines Gewitters an Kirchturmspitzen, Antennen, Masten oder Bergspitzen aufflackern.
Wenn Flämmchen sich zeigen an Kirchturmspitzen,
wird's bald donnern und vom Himmel blitzen.
Elmsfeuer ist eine Art schwacher Blitz. Weil während und kurz vor einem Gewitter die Luft stark elektrisch aufgeladen ist, erzeugt diese Spannung in der Nähe von spitzen Gegenständen hohe elektrische Feldstärken. Sobald die Spannung hoch genug ist, fließt zwischen der geladenen Luft und der Spitze Strom. Dabei wird die Luft ionisiert und es entsteht ein blassblau flackernder Lichtschein. Diese Lichterscheinung variiert in der Größe von wenigen Millimetern bis hin zu einem halben Meter. Elmsfeuer können länger als eine Minute anhalten.

Besonders erstaunlich dabei ist, dass diese Entladungen bei Gegenständen ohne Kontakt zum Erdboden oder zu Wasser auftreten können. Zu beobachten sind Elmsfeuer in großen Höhen im Flugzeug, wenn die Maschine durch eine Gewitterfront fliegt. Dann können sich an den Enden der Tragflächen leuchtende Elmsfeuerstreifen bilden.

Lässt Erasmus kleine Feuer an Mastspitzen
und Wetterhähnen leuchten,
werden Gewitter bald Felder und Wiesen beleuchten.

Baumblüte im Herbst – Vorbote für eine schlechte Ernte

Der Herbst ist – wie der Frühling – eine Jahreszeit des Übergangs. Dabei kommt es immer wieder vor, dass die klimatischen Bedingungen im Herbst denen des Frühlings sehr ähnlich sind. Nicht umsonst sagt man vom September, er sei der „Mai des Herbstes“.

Der Mai, das ist auch der Monat der Apfelblüte. Doch es kommt immer wieder vor, dass im Herbst die Pflanzen eine Art „Gefühl“ haben, es sei wieder Mai – Zeit für die Blüte. Aus diesem Grund kann man immer wieder im Herbst neben reifen Äpfeln Blüten entdecken. Fürs Auge schön, nicht aber für den Bauern, der im kommenden Jahr auf eine gute Ernte hofft.

Neben einem reifen Apfel Blüten,
davor möge Petrus uns behüten.

Warum mindert eine zweite Blüte im Jahr die Ernte im Jahr darauf? Feststeht, dass aus den Herbstblüten keine Früchte wachsen werden es geht dem Winter mit Frost und Schnee entgegen. Der „Aufwand“, den die Pflanze in die Blüte investiert, lohnt sich also nicht. Oder, anders ausgedrückt: Der Apfelbaum verbraucht im Herbst Ressourcen, die ihm im Frühjahr fehlen.

Zweite Blüte bei Apfelbäumen im Jahr 2011

✦ 2011 war ein besonderes Apfeljahr: In sehr vielen Gegenden Deutschlands wurde eine zweite Blüte bei den Apfelbäumen beobachtet. Das hing mit dem Witterungsverlauf in den vorangegangenen Monaten zusammen. Auf das sehr trockene und warme Frühjahr folgte ein nasser und etwas kühler Juli. Im Juli stellen die Bäume ihr Wachstum ein. Der Herbst war – im Gegensatz zum Juli – sehr warm. Ein Anlass für die Bäume, auf „Frühjahrsmodus" umzuschalten und die für das Frühjahr angelegten Blütenknospen zu öffnen. Besonders die Apfelbäume in Regionen, in denen im Frühling überdurchschnittlich wenig Regen gefallen war, nahmen die günstige Witterung im September zum Anlass, ihre Blüten für das kommende Frühjahr bereits jetzt zu öffnen.

Darüber hinaus spielen weitere Faktoren eine Rolle: Bäume, die im August im Rahmen eines Sommerschnitts „gestutzt" wurden, und Bäume, die im Frühsommer einen Hagelschaden erlitten haben, neigen ebenfalls dazu, erneut auszutreiben und im Herbst noch einmal zu blühen.

Übrigens kommt die zweite Blüte im Jahr nicht nur bei Apfelbäumen vor. Auch andere Baumarten wie z. B. Robinien, Rosskastanien und andere Obstbaumarten wie Birnbäume sind davon betroffen. Deshalb gilt:

Baumblüte zum zweiten Mal im Jahr
noch nie ein gutes Zeichen war.

Marienkäfer im Oktober – der Winter wird kalt

Sind im Oktober Marienkäfer zu schau'n, solltest auf Frost im Hochwinter du bau'n.

Marienkäfer im Oktober? Die Marienkäfer, die in einigen Gegenden Deutschlands auch Junikäfer genannt werden, assoziiert man nicht mit dem Herbst, sondern mit dem Frühling. Das hat auch seinen Grund: Marienkäfer ernähren sich von Blattläusen. Blattläuse wiederum benötigen kohlenhydratreiche Pflanzensäfte. Marienkäfer sind also Tiere, die auf junge Triebe, wie sie vom Frühjahr bis zum Sommer gebildet werden, angewiesen sind. Die Marienkäfer überleben den Winter – vorausgesetzt sie finden ein geeignetes Winterquartier, wohin sie sich zurückziehen können, um dort in Winterstarre zu fallen.

Wenn im Oktober noch viele Marienkäfer zu sehen sind, deutet das darauf hin, dass es noch viele Blattläuse gibt. Die Zahl der Blattläuse hängt stark von der Witterung ab feucht mildes Wetter ist für sie geradezu ideal.
Wenn also im Oktober eine entsprechende Witterung herrscht, dann ist – entsprechend der Oktober-Januar-Regel – ein kalter Januar zu erwarten.

Marienkäfer – ganz schön nützlich

Marienkäfer gibt es nahezu auf der ganzen Welt. Insgesamt sind 4.500 Arten bekannt, in Deutschland sind 70 Arten beheimatet. Marienkäfer sind nicht nur schön, sondern auch sehr nützlich, sodass sie in der Landwirtschaft zur biologischen Schädlingsbekämpfung eingesetzt werden: Ein Marienkäfer frisst täglich zwischen 50 und 100 Blattläuse, Schildläuse, Spinnmilben, Wanzen und andere kleine Insekten. Gefräßig sind auch die Larven der Marienkäfer – jede Larve vertilgt in den drei Wochen bis zu ihrer Verpuppung zwischen 400 und 600 Blattläuse. Kein Wunder also, dass sie Blattlauslöwen genannt werden. Die Nachkommen eines einzigen Marienkäfers können während eines Sommers rund 100.000 Läuse vertilgen.

Alle Jahre wieder – Marienkäferinvasionen

Dass Marienkäfer in Massen auftreten, und das im Herbst, ist immer wieder zu beobachten. Im Oktober 2012 war es so warm, dass in vielen Gegenden Deutschlands die Marienkäfer, die sich bereits in ihre Winterquartiere in Häusern, Kellern und auf Dachböden zurückgezogen hatten, wieder ausflogen. Allein in Hamburg waren um diese Jahreszeit mehrere Millionen Marienkäfer aktiv. Solche Massenvermehrungen sind nichts Ungewöhnliches. Wenn die Wetterbedingungen für Blattläuse günstig sind, dann ist Hochsaison für Marienkäfer. Drei Jahre zuvor, im Jahr 2009, kam es an den Küsten Norddeutschlands, an der Ostsee in Mecklenburg-Vorpommern und der Nordsee in Schleswig-Holstein, zu einer Masseninvasion: Ganz ähnlich war es bereits 1988: Damals schimmerten die Bäume in Mecklenburg rot – so viele Marienkäfer hatten sich auf ihnen niedergelassen!

Bauernregeln, die garantiert nicht zutreffen

Stimmt's oder stimmt's nicht? Das ist meist die große Frage bei den Bauernregeln. Dieses Buch gibt einen Überblick über die Bauernregeln, die einen großen Wahrheitsgehalt bzw. eine hohe Treffsicherheit haben.

Mit der Zeit haben sich in die Bauernregeln viel Aberglaube und jede Menge Scherze eingeschlichen. Stichwort „Scherze“: Einige Bauernregeln, die nicht ganz ernst gemeint sind, sind in dem Buch in Kästen aufgeführt. Doch was ist mit den Bauernregeln, die nicht zutreffen? Hier eine Auswahl:

Wenn viel Gras die Hunde fressen,
wird es bald vom Himmel nässen.

Wenn Hunde – und übrigens auch Katzen – Gras fressen, hat das nichts mit dem aktuellen bzw. zukünftigen Wetter zu tun. Hunde und Katzen sorgen damit nur für den richtigen „Mix“ in ihrer Ernährung.

Ohne Aussagekraft sind viele Bauernregeln, die sich um einen festen Termin ranken:

Morgenrot am Neujahrstag
Unwetter bringt und große Plag.

Morgenrot ist ein Wetterphänomen, das keinerlei langfristige Auswirkungen hat.

Mit bäuerlichen Bräuchen durch das Jahr

Von Mariä Lichtmess bis zum Martinstag

Feuerwerk an Silvester, Sternsinger am Dreikönigstag, Karnevals- und Faschingsumzüge während der „Fünften Jahreszeit“, Fischessen an Aschermittwoch … Bräuche sind feste Rituale zu bestimmten, regelmäßig wiederkehrenden Anlässen, die den Jahreslauf gliedern.

Viele Höhepunkte im bäuerlichen Leben sind mit Bräuchen verknüpft – angefangen von Mariä Lichtmess am 2. Februar, als die Mägde und Knechte von den Bauern eingestellt wurden, bis zu St. Martin. Am Martinstag, der am 11. November gefeiert wird, war es üblich, dass der Bauer die Knechte und Mägde entlohnte. An diesem Tag konnten Knechte und Mägde, wie an Lichtmess, den Dienstherrn wechseln.

Das religiöse Leben spielte eine große Rolle im Leben der Bauern. Viele Bräuche entstanden in Zusammenhang mit kirchlichen Ritualen und Festen, etwa rund um Wallfahrten und Prozessionen. Daneben fließen in viele Bräuche auch nicht-christliche Elemente mit ein, etwa an Ostern. Manche Bräuche, z. B. das Anzünden von Kerzen, sind uralt, während andere, wie etwa der Weihnachtsbaum und der Adventskranz, relativ neu sind. Sie stehen deshalb auch nicht mit bäuerlichen Traditionen in Zusammenhang.

So wie die Landwirtschaft von den Gegebenheiten vor Ort, dem Klima und dem Boden, geprägt ist, unterschieden sich auch die Bräuche von Region zu Region. Dazu kommt, dass die christlichen Bräuche je nach Konfession ein wenig unterschiedlich gefeiert werden.

Viele Bräuche, wie etwa die Osterritte, sind noch heute sehr beliebt, und zwar nicht nur bei der bäuerlichen Landbevölkerung. Prächtige Prozessionen, bei denen die Teilnehmer Tracht tragen, haben sich zu Publikumsmagneten entwickelt, die zahlreiche Besucher anlocken. Dabei wird einmal mehr deutlich: In Bräuchen wird die Vergangenheit lebendig; wer Bräuche pflegt, „verankert“ sich in einer langen Tradition. Es sind Rituale, die die Identität der Menschen prägen und ein starkes Gemeinschaftsgefühl schaffen.

Dabei fällt auf, dass einige Bräuche, wie etwa die Raunacht und das Martinsfest, schon fast vergessen waren und erst vor wenigen Jahrzehnten wiederbelebt wurden. Vor diesem Hintergrund sind Bräuche – ob religiös oder weltlich geprägt – ein lebendiges Stück Volkskultur.
Bemerkenswert ist, dass einige Bräuche – wie etwa die Osterräder – sehr alt sind und im Lauf der Zeit umgedeutet wurden, während andere, z. B. der Osterritt in Regen im Bayerischen Wald, erst seit rund 50 Jahren bestehen. Insgesamt gilt, dass Bräuche heute wieder gern gepflegt werden, und zwar nicht nur auf dem Land, sondern auch in den Städten.

Raunächte

✦ Die Raunächte umfassen die Zeit vom 21. Dezember, also der Wintersonnwende, bis zum 6. Januar, dem Tag des Dreikönigsfestes. Es ist die Zeit, in der die Nächte allmählich wieder kürzer werden; gleichzeitig steht die große Winterkälte erst noch bevor. In einigen Gegenden rechnet man nur die Nächte vom 24. Dezember bis zum 6. Januar – insgesamt zwölf Nächte – zu den Raunächten. Die Raunachttradition ist v. a. im süddeutschen Raum und in Österreich verbreitet.
Im Bayerischen Wald in Altreichenau steht eine Art weibliches Nachtgespenst, die Drud, im Mittelpunkt der Raunachtbräuche. Ihre Vorliebe ist es, sich bei Schlafenden auf die Brust zu setzen und damit Albträume hervorzurufen. Nach der Tradition sind die sogenannten „Raunachtler“, verkleidete Männer mit furchterregenden Masken, während der zwölf Raunächte vom Heiligen Abend bis Dreikönig unterwegs, um nach der Drud zu suchen und sie zu fangen, damit sie ihr übles Treiben einstellt. Das unheimliche Treiben endet in der Nacht vom 5. auf den 6. Januar, wenn die Drud, angelockt von loderndem Feuer, von den Raunachtlern gefangen genommen wird.

Mariä Lichtmess: Fest der Darstellung des Herrn und Schlenkeltag

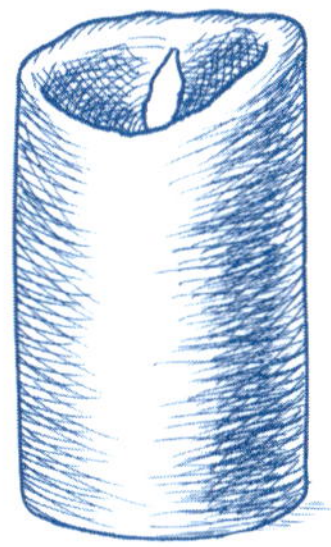

✦ Mariä Lichtmess wird 40 Tage nach Weihnachten, also der Geburt von Jesus Christus, gefeiert. 40 Tage – so lange galten nach den Vorschriften des Alten Testaments Frauen nach der Geburt eines Sohnes als unrein. Um „rein" zu werden, musste die Frau im Tempel ein Reinigungsopfer darbringen; Jesus, der ja der erste Sohn Marias war, galt als Eigentum Gottes und musste Gott vorgestellt werden. Die bäuerlichen Bräuche an diesem Tag gehen auf Lichterprozessionen im alten Rom zurück; diese Tradition wurde in das Christentum übernommen. Daher stammt auch der Brauch der Kerzenweihe und der im Volksmund gebräuchliche Name des Festtages – Mariä Lichtmess. Nach altem Brauch werden an Mariä Lichtmess die Kerzen, die im laufenden Jahr in der Kirche verwendet werden, und die Kerzen, die die Gläubigen zu Hause verwenden, gesegnet.
Im Bauernjahr hatte Mariä Lichtmess als sogenannter Schlenkeltag eine wichtige Bedeutung: Mägden und Knechten wurden die Löhne ausgezahlt. Sie erhielten einen Laib Brot als Abschiedsgeschenk. Doch bevor sie den Hof verließen und sich einen neuen Dienstherrn suchten, wurde gefeiert. Lichtmess ist auch ein Wendepunkt im Arbeitsleben der Handwerker. Die Handwerker, die seit dem 29. September bei Kerzenschein arbeiteten, mussten ab Mariä Lichtmess bei ihrer Arbeit wieder mit Tageslicht auskommen.

Wetterkerzen

Mariä Lichtmess war zugleich der Tag, an dem sogenannte Wetterkerzen gesegnet wurden. Wetterkerzen sind üblicherweise schwarz, sodass sie leicht von allen übrigen Kerzen zu unterscheiden sind. Meist ist darauf eine Marienfigur als Halbrelief mit einem Spruch abgebildet. Man zündete Wetterkerzen während eines Unwetters, d. h. meist eines Gewitters, an, und betete dafür, dass das Unwetter Haus und Hof verschonen sollte. Wetterkerzen sind auch unter dem Begriff „Schauerkerzen" bekannt.

Fastnacht, Fasching, Karneval – die „tolle" fünfte Jahreszeit

✦ Je nach Region bezeichnet man die Zeit von etwa Neujahr bis zum Aschermittwoch als Fastnacht, Fasching oder Karneval. Fastnacht ist der Begriff, der im alemannischen Raum gebräuchlich ist, in Bayern und Österreich feiert man Fasching, im Rheinland ist Karneval angesagt.

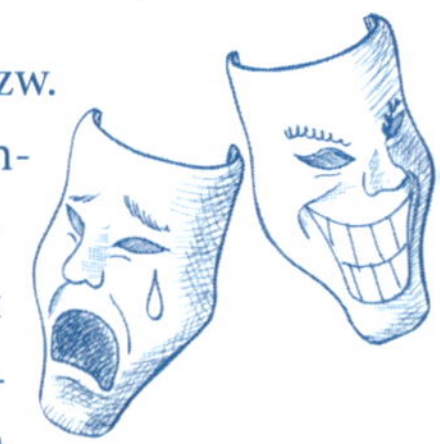

Woher kommt der Brauch, ausgelassen zu feiern? Ist Fasching bzw. Karneval oder Fastnacht ein heidnisches Fest, das den Frühling einläuten soll? Heute geht man davon aus, dass es sich um eine Tradition handelt, die von der christlichen Religion geprägt ist. Fastnacht heißt, wörtlich übersetzt, die Zeit vor dem Fasten, also vor der österlichen Fastenzeit, die 40 Tage dauert. Die eigentliche Fastnacht umfasst sechs Tage, Donnerstag bis Aschermittwoch. Diese Zeit war für die Bevölkerung – und nicht nur die Bauern – vor der langen Fastenzeit, während der man u.a. auf Fleisch und Wein verzichten musste, die letzte Gelegenheit, noch einmal ausgelassen miteinander zu feiern, sich richtig satt zu essen und kräftig zu trinken.

Dabei haben sich von Region zu Region unterschiedliche Bräuche etabliert. Im schwäbisch-alemannischen Raum ist die Fastnacht mit sehr urtümlich wirkenden Ritualen beliebt: Dort werden – je nach Ort – Strohhexen verbrannt und Dämonen in furchterregenden Verkleidungen und grausigen Holzmasken ziehen durch die Straßen. Die schwäbisch-alemannische Fastnachtszeit beginnt am Dreikönigstag; richtig in Fahrt kommt sie am Schmutzigen Donnerstag und dauert bis Fastnacht(sdienstag).

Egal, ob Fasching, Fastnacht oder Karneval – früher ließ man in der närrischen Zeit „die Sau raus", und das kann man wörtlich verstehen. Die Metzger, die wegen des Fleischverbots während der Fastenzeit nichts zu tun hatten, sorgten dafür, dass noch einmal kräftig zugelangt wurde. Auch der Alkohol floss – und fließt – in der närrischen Zeit in Strömen. Bis heute lebendig ist die Tradition, dass Geschenke ausgegeben werden – Bonbons, Brezeln, Würste, Fastnachtsküchle u. v. m. Es handelt sich um spezielle Fastnachtsspeisen; dabei wurden die in der Fastenzeit „verbotenen" Nahrungsmittel verbraucht.

Heischegänge am Fastelabend in Norddeutschland

Die Faschingstradition ist in Mecklenburg-Vorpommern unter dem Begriff „Fastelabend“ bekannt: Knechte und Mägde gingen drei Tage lang mit Holzgabeln und Körben von Haus zu Haus und sagten Sprüche auf. Zum Dank dafür erhielten sie Lebensmittel – Eier, Würste, Butter, Schinken, Schnaps, Heetwecken, ein typisches Fastengebäck. Bei den Umzügen gehörten Peitschenknallen und Musik zum Programm.

In einzelnen Gemeinden, z. B. in Jürgenstorf, einer Gemeinde im Landkreis Mecklenburgische Seenplatte, wurde diese Tradition vor wenigen Jahren wieder aufgenommen und neu belebt.

Bauernfastnacht oder „Alte Fastnacht“

Eine Ausnahme von den üblichen Fastnachtsterminen ist die Bauernfastnacht, die in einigen Regionen der Schweiz, Österreichs sowie nördlich des Bodensees gefeiert wird. Sie endet fünf Tage nach dem offiziellen Fastenbeginn am darauffolgenden Sonntag. Der Grund: In einem Kirchenbeschluss aus dem Jahr 1091 wurde festgelegt, dass die Sonntage während der Fastenzeit vom Fastengebot ausgenommen werden sollten. Um dennoch auf 40 Fastentage zu kommen, wurde der erste Fastentag vorverlegt. Diesem Beschluss folgten nicht alle Regionen – so blieb es dort bei dem alten Fastentermin und der „Alten Fastnacht“.

Bäuerliche Osterbräuche

✦ Ostern ist das wichtigste religiöse Fest der Christen. Der Tod Jesu am Kreuz bedeutet für evangelische Christen die Erlösung; bei Katholiken steht die Auferstehung im Mittelpunkt. In Zusammenhang mit diesen zentralen Ereignissen – Tod und Auferstehung von Gottes Sohn – haben sich viele religiöse Bräuche herausgebildet.

Der Begriff „Ostern“ stammt von dem Wort „Eostro“, das erstmals im Frühmittelalter belegt ist. Es bedeutet so viel wie „Morgenröte“. Daraus entwickelte sich mit der Zeit „Ostern". Österliches Brauchtum beginnt mit dem Palmsonntag, dem Sonntag vor Ostern.

Palmsonntag – Prozessionen zu Beginn der Karwoche und Palmbuschen

Palmsonntag erinnert an Jesu Einzug in Jerusalem. Dabei wurde er, wie der Evangelist Matthäus berichtet (21, 8–9), von den Menschen bejubelt und mit Palmzweigen begrüßt. Zur Erinnerung daran spielen in katholischen Ländern die Gläubigen diese Szenerie mit Prozessionen nach. Natürlich gehören Palmzweige und Ölzweige dazu. In katholisch geprägten Regionen in Süddeutschland und Österreich bindet man zu diesem Anlass Palmbuschen und lässt sie segnen. Dabei werden – je nach Region – Zweige von Ahorn, Buche, Birke, Haselnuss, Stachelbeere oder Wacholder verwendet. Die geweihten Palmbuschen sollen Unheil abwehren. Zu diesem Zweck werden sie im Haus im Herrgottswinkel, eine christliche Zimmerecke in der Bauernstube, aufgestellt oder am Kruzifix, an Heiligenbildern oder am Spiegel befestigt; Bauern schmücken und schützen ihren Stall damit. In manchen Gegenden werden die Palmsträuße mit bemalten Eiern und kleinen Osterfiguren geschmückt.

Bäuerliche Bräuche am Ostersonntag und Ostermontag

Rund um den Ostersonntag, an dem die Auferstehung Jesu und damit der Sieg über Tod und Vergänglichkeit gefeiert werden, haben sich viele Bräuche bis heute erhalten. Einige, wie etwa das Osterfeuer, stammen aus verschiedenen Quellen, darunter jüdischen und heidnischen bzw. römischen und germanischen Traditionen, die christlich umgedeutet wurden.
Darüber hinaus gibt es typisch bäuerliche Ausprägungen dieser uralten Bräuche.

Bräuche rund um das Osterei

Eier, v. a. Hühnereier, haben eine hohe Symbolkraft. In vielen Kulturen ist das Ei ein Fruchtbarkeitssymbol. Im Christentum steht es für die Auferstehung. Dass man an Ostern Eier weihen lässt und weitergibt, hat eine sehr lange Tradition – schon im Mittelalter schenkte man sich Eier. Der Brauch, Ostereier zu verzieren bzw. zu bemalen und dann zu verschenken, stammt aus Armenien, einer der ältesten christlichen Kirchengemeinden. Dieser Brauch hat sich nach und nach in der gesamten christlichen Welt verbreitet.

In der Fastenzeit war der Verzehr von Eiern nicht erlaubt. Dadurch sammelten sich viele Eier an – die Hühner legen das ganze Jahr über Eier. Während der Fastenzeit kochte man die Eier hart und machte sie dadurch haltbar. An Ostern konnten die Eier dann – endlich – verzehrt werden.

Dazu kommt, dass Bauern früher den sogenannten Zehnt, also ihre Abgabe an den Grundherren, in Naturalien bezahlten. Am Gründonnerstag lieferte man – der Fastenzeit entsprechend – Eier in großen Mengen ab.

Feuerräder zu Ostern

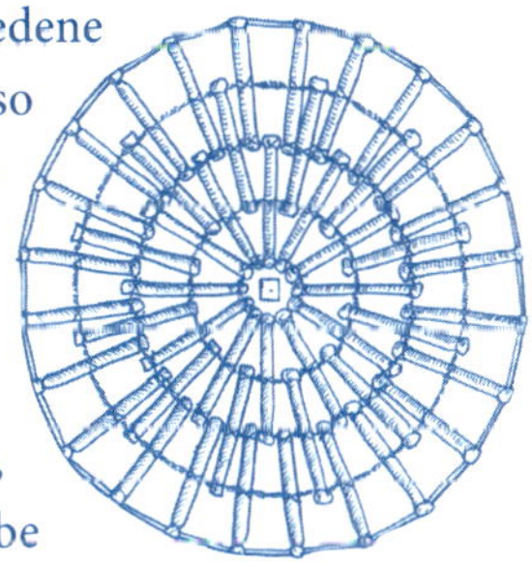

Osterfeuer sind ein christlicher Brauch, der auf viele verschiedene Wurzeln zurückgeführt werden kann. Im Alten Testament, also im Judentum, ist das Feuer ein Zeichen Gottes. In germanisch-heidnischer Zeit feierte man mit Feuern im Frühling das Ende des Winters. Diese Frühlingsfeuer wurden im frühen Mittelalter zu Osterfeuern umgedeutet. Daneben hat sich die Tradition der Feuerräder, die aus der germanischen Tradition stammen, erhalten. Das brennende Holzrad erinnert an eine Sonnenscheibe und somit an den heidnischen Sonnenkult. Heute, in Verbindung mit dem Christentum, stehen die Speichen der Räder für das Kreuz; Sonnenräder sind damit sehr ausdrucksstarke christliche Symbole.

Feuerräder wurden an zahlreichen Orten im deutschsprachigen Kulturraum gezündet, und zwar nicht nur zu Ostern. Der Brauch ist nachgewiesen für Eisenach für den vierten Fastensonntag, und für Langenthal im hessischen Odenwald, wo bereits am Faschingsdienstag brennende Räder über die Felder rollen.

Über die Region hinaus bekannt ist der Brauch des Osterfeuerrades aus Lügde im Weserbergland (Nordrhein-Westfalen). Hier lässt man jedes Jahr am ersten Ostertag etwa gegen 21 Uhr brennende Räder vom Osterberg ins Tal der Emmer hinabrollen. Damit die Räder gut brennen und weithin sichtbar sind, werden sie mit Stroh umwickelt. Der Brauch – egal, ob um Ostern oder zu einer anderen Zeit abgehalten – soll für Fruchtbarkeit und reiche Ernte auf den Feldern sorgen und böse Geister abwehren.

Osterwasser heilt, tröstet und macht schön

In einigen Gegenden Deutschlands, vorwiegend im Nordosten, der Oberlausitz und in Berlin, war und ist zum Teil noch heute die Tradition des Osterwasserholens lebendig. Nach dem Brauch holen junge, unverheiratete Frauen in der Nacht vom Ostersamstag zu Ostersonntag, und zwar zwischen Mitternacht und Sonnenaufgang, Wasser aus einer Quelle, das sie gegen den Strom schöpfen. Schweigend wird das Wasser nach Hause getragen; dabei darf kein Tropfen verschüttet werden. In der Oberlausitz benutzte man Osterwasser, um Kranke zu heilen – wer damit gewaschen wurde, hoffte auf Besserung. Aber es wurde auch von den jungen Frauen als Medizin gegen Liebeskummer verwendet und sollte schön machen.
Man geht davon aus, dass der Osterwasserbrauch, der ein Fruchtbarkeits- und Reinigungsbrauch ist, heidnische Ursprünge hat.

Osterritte in der Oberlausitz und in Bayern

Bei den Sorben, einer slawischen Minderheit in der Oberlausitz, wird der Brauch der Osterritte in zahlreichen Orten gepflegt. Nach dem Gottesdienst umrunden die Osterreiter die Kirche und den Friedhof. Anschließend ziehen sie zu den Nachbargemeinden, um dort die frohe Botschaft von der Auferstehung bekannt zu machen.
In Traunstein in Oberbayern findet jedes Jahr am Ostermontag ein Georgiritt nach Ettendorf zu einer kleinen Kirche statt. Der Ritt ist seit dem 18. Jahrhundert bezeugt;

man geht aber davon aus, dass der Brauch sehr viel älter ist – die Kirche in Ettendorf steht an einem Ort, der bereits zur Keltenzeit eine Kultstätte war. Mit dem Georgiritt verbunden ist der Schwertertanz. Dieser Brauch wurde zum ersten Mal im Jahr 1530 erwähnt. Der Tanz symbolisiert den Sieg des Frühlings über den Winter. Man geht davon aus, dass der Georgiritt auf germanische Flurumritte zurückgeht. Diese Flurumritte fanden ebenfalls immer im Frühjahr statt.
Auch in Regen im Bayerischen Wald findet seit einigen Jahrzehnten am Ostermontag ein Osterritt statt.

Eierrollen

Bis heute ist das Eierrollen weitverbreitet – im Weißen Haus, dem Regierungssitz des amerikanischen Präsidenten, zählt es zu den ältesten Haustraditionen. In Deutschland wird die Tradition, abgesehen von den Familien, die „privat" Eierrollen im Garten spielen, noch heute in der Oberlausitz und einigen Gegenden in Bayern gepflegt. Weithin bekannt ist das Eierrollen, auch Ostereierschieben genannt, in Bautzen in Ostsachsen. Dort findet jedes Jahr am Ostersonntag auf dem Protschenberg das Eierschieben mit dem Eierjokel statt. Ursprünglich ließen begüterte Bauern hart gekochte Eier einen Hang hinunterrollen; unten wurden die Eier von weniger Wohlhabenden aufgefangen. Oft kullerten auch Orangen und andere kugelförmige Lebensmittel den Hang hinunter. Heute ist in Bautzen aus dem Brauch eine Touristenattraktion geworden: Anstatt „echter" Eier, Süßigkeiten und Orangen werfen Erwachsene bunte Plastikbälle den Hang hinunter. Die Kinder fangen die Bälle und können sie in Geschenke umtauschen.

Bäuerliche Bräuche an Fronleichnam

✦ Fronleichnam, das zehn Tage nach Pfingsten gefeiert wird, ist ein Fest der katholischen Christen: Es feiert die leibliche Gegenwart Jesu Christi im Sakrament der Eucharistie. Luther wandte sich strikt dagegen – wie auch gegen den kirchlichen Brauch von Prozessionen. Um den katholischen Glauben mit Nachdruck zu prä-

sentieren, wurde während der Gegenreformation Fronleichnam besonders prächtig gefeiert. Noch heute sind in vielen katholisch geprägten Gegenden Fronleichnamsprozessionen lebendig.
In Bayern bekannt sind die Fronleichnamsprozessionen in München, dem Wallfahrtsort Altötting, Ruhpolding und die Seeprozession auf dem Staffelsee – die einzige Seeprozession überhaupt. Während der Prozession werden die Felder und Wiesen gesegnet, der Priester und die Gläubigen beten für eine gute Ernte. Was macht die Fronleichnamsprozession so besonders? Der Prozessionsweg wird von den Gläubigen mit jungen Birken gesäumt, die Straßen werden mit Blumen bestreut. Dazu spielt Blasmusik, die Gebirgs- bzw. Böllerschützen geben eine Kostprobe ihrer Schießkunst, die Mitglieder der Trachtenvereine präsentieren ihre Festtagskleidung.

Kräutersegen bzw. Kräuterweihe an Mariä Himmelfahrt

✦ Mariä Himmelfahrt wird am 15. August in Gedenken an die Aufnahme Marias in den Himmel gefeiert. Im bäuerlichen Jahreskalender ist der August die Zeit, in das Getreide reif wird. Da Maria in der Symbolsprache der Bibel immer wieder mit Pflanzen, v. a. Rose und Lilie, in Verbindung gebracht wird, liegt es nahe, dass an ihrem Feiertag ein Kräutersegen stattfindet. Man geht davon aus, dass dieser Brauch im Mittelalter entstanden ist, als Heilkräuter die einzige Medizin waren, die den Menschen zur Verfügung stand.

Noch heute kommen viele katholische Christen mit einem Kräuterstrauß in die Kirche, um ihn segnen zu lassen. Welche und wie viele Kräuter in dem Strauß zusammengefasst werden, ist von Region zu Region ein wenig unterschiedlich – das Spektrum reicht von sieben bis zu 99 Kräutern in einem Strauß. Grundsätzlich werden Heilkräuter verwendet, also u. a. Johanniskraut, Wermut, Schafgarbe, Kamille, Baldrian und Eisenkraut und eine Königskerze in der Mitte. Auch Getreide wurde in den Kräuterstrauß eingebunden.

Erntedankfest

✦ Erntedank ist – wie der Name bereits sagt – ein kirchliches Fest zur Danksagung für die Ernte des Jahres. In evangelisch geprägten Regionen ist es sehr viel stärker ausgeprägt als im katholischen Raum, wo es den Pfarreien freigestellt ist, das Fest zu feiern.

Üblicherweise findet Erntedank am Sonntag nach dem St. Michaelstag am 29. September statt. Beim Erntedankfest werden die Früchte des Jahres in den Kirchen ausgelegt und – in katholischen Kirchen – gesegnet. Es finden Prozessionen und Festzüge statt. Die Ursprünge des Erntedankfestes sind vielfältig: Bereits im 3. Jahrhundert n. Chr. sind für das Christentum Erntedankfeste belegt. Eine Quelle neuerer Zeit ist der bäuerliche Brauch aus dem 18. Jahrhundert: Damals übergab das Gesinde den Bauern nach dem Ende der Erntearbeiten einen Kranz aus geflochtenem Getreide – der heutigen Erntekrone.

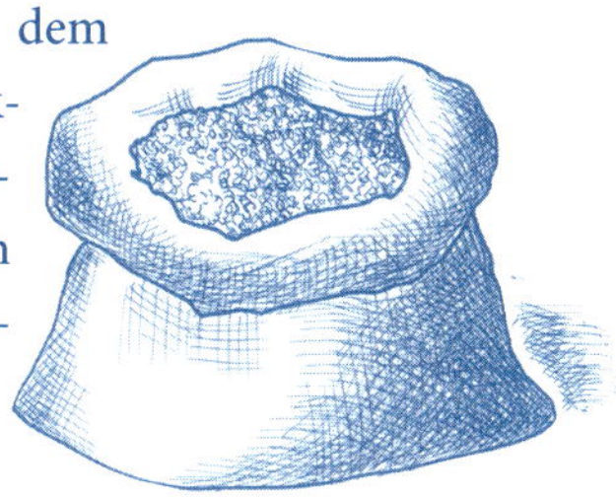

Heute, im Zeitalter der industrialisierten Landwirtschaft, werden anlässlich des Erntedankfestes Themen wie der Natur- und Artenschutz sowie der Ernährung der Weltbevölkerung in den Kirchen angesprochen und auch öffentlich diskutiert.

Kirchweih – Kirta – Kärwa – Kirmes

✦ Der Begriff Kirchweih ist wörtlich zu verstehen – die Kirche wurde als Gotteshaus geweiht; häufig wurde auch der Altar geweiht. Die früheste Erwähnung einer Kirchenweihe stammt aus dem 4. Jahrhundert in Jerusalem – das Fest ist also schon sehr alt. Je nach Region ist es als Kirchweih bzw. Kirta in Bayern, in Franken als Kärwa und als Kirmes in den Regionen nördlich von Main und Mosel bekannt.

Ursprünglich feierte jede Gemeinde den Jahrestag der Weihe ihrer Kirche. So ist es im Grunde bis heute: Viele katholische Gemeinden feiern am Gedenktag des Heiligen ihrer Kirche ein Patronatsfest; dieses Patrozinium ist ein Fest der jeweiligen Gemeinde bzw. Kirche. Dazu kommt ein weiterer, der eigentliche Kirchweihtag. Er wird in protestantischen wie katholischen Kirchen begangen und findet am dritten Sonntag im Oktober statt – so wurde es in einem Erlass von 1866 festgelegt, um das Überhandnehmen von einzelnen Kirchweihfesten einzudämmen.

Kirchweih ist das große Fest der Gemeinde – und so wird es auch gefeiert. Bayern bzw. Franken hat eine reiche Kirchweihtradition: So finden allein im Landkreis Amberg-Sulzbach von April bis November bis heute an die 120 Kirchweihfeste statt. Kirchweih wird üblicherweise drei Tage lang gefeiert: Das Fest beginnt am Donnerstag oder Freitag mit dem „Kirwaausgraben"; am Montag wird das Fest mit dem „Kirchweihbegraben" beendet. Gasthöfe servieren an dem Wochenende traditionelle Kirchweihspeisen, dazu spielt Musik und es wird getanzt. Volksfeste mit Schaustellern, Tanzabende u. v. m. locken viele Besucher an.

Typisch für die fränkische Kirchweih, also die „Kärwa", ist der Kärwabaum. Er wird am Vormittag des Kirchweihsamstags gefällt, anschließend mit Bändern, Schnitzereien und Kränzen verziert und am Nachmittag von den Männern des Dorfes auf dem Dorfplatz aufgestellt.

St. Martin

✦ St. Martin gehört zu den bäuerlichen Bräuchen, die heute noch sehr lebendig sind, und zwar auf dem Land wie in der Stadt. St. Martin wird am Begräbnistag des Heiligen, am 11. November, gefeiert. Hintergrund ist eine Legende, die sich bereits im Mittelalter von ihrem Ursprung in Frankreich, wo Martin Bischof war, in ganz Europa rasch verbreitete. Martin war als römischer Soldat einer römischen Eliteeinheit im heutigen Amiens stationiert. Schon während seiner Soldatenzeit hatte er sich auf die Taufe vorbereitet. Um das Jahr 334 traf Martin vor dem Stadttor einen armen, unbekleideten Mann. Martin teilte seinen Mantel und gab die Hälfte davon dem Mann. In der Nacht darauf erschien – so die Legende – Martin im Traum Jesus Christus, bekleidet mit Martins halbem Militärmantel. Martin ließ sich daraufhin

taufen, gab den Militärdienst auf, widmete von nun an sein Leben Gott und gründete ein Kloster. Am 4. Juli 372 wurde er zum Bischof geweiht. Am 8. November 397, im Alter von etwa 81 Jahren, starb Martin auf einer seiner Seelsorgereisen.

Das Brauchtum, das sich rund um St. Martin etabliert hat, hat mit der Legende wenig zu tun: Noch heute basteln Kinder Laternen zu St. Martin, dazu gibt es oft szenische Vorführungen, bei denen St. Martin auf dem Pferd sitzend seinen Mantel teilt. Traditionelles Essen an St. Martin ist die Martinsgans. Woher kommt dieser Brauch?

Das Pferd, das heute bei Martinsumzügen zum Einsatz kommt, stammt aus der römischen Tradition – es war ein beliebtes Darstellungsmittel in der Kunst, um den heldenhaften Soldaten darzustellen. St. Martin erscheint auf dem Pferd als Soldat Christi, der für die Armen kämpft.

Die Tradition der Martinsgans kommt aus dem bäuerlichen Alltag: An St. Martin erhielten die Gutsherren, der Adel und die Klöster, die Abgaben von den Bauern. Sie wurden u. a. mit Gänsen bezahlt. Die Gänse waren um diese Zeit nicht nur sehr schmackhaft; auch die Federn sind zum Winter hin sehr dicht – es lohnt sich also, Gänse um diese Zeit zu schlachten. Der Martinstag war zudem der Tag, an dem das Gesinde entlassen wurde. An vielen Orten wurden Martinsfeuer entzündet, daraus hat sich der Brauch der Laternenumzüge entwickelt.

Im 18. und 19. Jahrhundert wurden die Martinsbräuche nur noch wenig gepflegt; im Nationalsozialismus waren sie so gut wie vergessen. Erst nach dem Zweiten Weltkrieg wurde die Bräuche rund um St. Martin auf dem Land wie auch in der Stadt wieder lebendig.

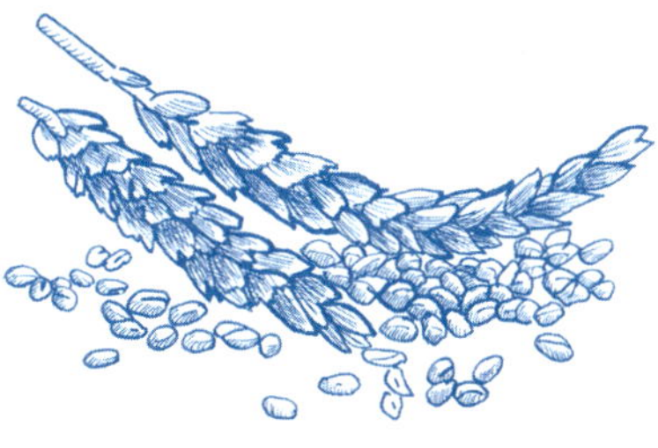

Register

Bildnachweis

Wir bedanken uns bei allen Bildlieferanten, die uns durch die Bereitstellung von Abbildungen freundlicherweise unterstützt haben.
fotolia.com: mirpic (Hintergrundgrafik Holzmaserung) 5, 15, 24, 44, 72, 90, 100, 131, 143, 180, 192; Florian Hochstadt (Holzschild) 5, 14, 15, 16, 22, 24, 28, 33, 40, 44, 45, 51, 62, 63, 65, 71, 72, 74, 81, 83, 88, 90, 94, 98, 100, 102, 105, 107, 115, 121, 131, 141, 143, 154, 173, 180, 192; grthirteen (Nagel) 5, 15, 24, 44, 72, 90, 100, 131, 143, 180, 192; Polina Katritch 12; Bildteil S. 6; **dpa Picture Alliance, Frankfurt:** Bildteil S. 1 o. + u., S. 3 o., S. 5 o., S. 7 o. + u., S. 12 u., S. 13 o., S. 14 o., **iStockphoto.com:** mecaleha 7, 25; pukrufus 9; Nocturnus 11, 17, 32, 111; HelgaMariah 14, 18; Bellott 16; Ortaly 73; **Kuhn, Birgit:** Bildteil S. 14 u.–16; mauritius images: Bildteil S. 2, S. 3 u., S. 5 u., S. 8 o., S. 9–11, S. 13 u.; **Pixelio.de:** Andreas Hermsdorf Bildteil S. 4 o.; angieconscious Bildteil S. 4 u., S. 8 u.; Bianca Beer Bildteil S. 12 o.; **Weisl, Bettina:** 6, 8, 10, 19, 23, 26, 27, 29, 31, 34, 35, 36, 37, 40, 41, 43, 45, 47, 48, 49, 51, 52, 53, 55, 56, 57, 58, 60, 61, 63, , 64, 66, 67, 69, 71, 74, 76, 77, 78, 81, 82, 83, 85, 87, 88, 91, 92, 93, 94, 96, 98, 101, 103, 104, 107, 108, 109, 110, 113, 114, 115 o. + u., 116, 117, 118, 121, 122, 123 l. + r., 125 o., 126, 127, 129 o. + u., 130, 132, 135, 137, 138, 139, 141, 142, 144, 145, 148, 150, 152, 154, 155, 156, 157, 158, 160, 161, 162, 163, 164, 165, 166, 167, 168, 169, 170, 173, 174, 175, 177, 181, 183, 184, 185, 186, 187, 188, 189, 191, 193, 195 o. + u. , 196, 197 o. + u., 198, 199, 201, 202, 203 o. + u., 205 o. + u.